Olhando para dentro

VALERIA PORTUGAL

Olhando para dentro
Insight, consciência e transcendência

Rio de Janeiro

Copyright © Valéria Portugal

Revisão
Lara Alves

Editoração eletrônica
Rejane Megale

Capa
Gabinete de Artes – www.gabinetedeartes.com.br

Adequado ao novo acordo ortográfico da língua portuguesa

1ª reimpressão – 2018

CIP-BRASIL. CATALOGAÇÃO-NA-FONTE
SINDICATO NACIONAL DOS EDITORES DE LIVROS, RJ

P885o

Portugal, Valeria
　Olhando para dentro : insight, consciência e transcendência / Valeria Portugal. - 1. ed. - Rio de Janeiro : Gryphus, 2017.

　192 p. : il. ; 21 cm.
　Inclui bibliografia
　ISBN 978-85-8311-101-6

　1. Neurociências. I. Título.

17-42529　　　　　　　　　　　　　　　　　　　CDD: 612.8
　　　　　　　　　　　　　　　　　　　　　　　　CDU: 612.8

GRYPHUS EDITORA
Rua Major Rubens Vaz, 456 – Gávea – 22470-070
Rio de Janeiro – RJ – Tel: +55 21 2533-2508
www.gryphus.com.br– e-mail: gryphus@gryphus.com.br

Este livro é o resultado de uma Tese de Doutorado apresentada ao Programa de Pós-Graduação em História das Ciências e das Técnicas e Epistemologia da Universidade Federal do Rio de Janeiro como parte dos requisitos necessários à obtenção do título de Doutor em História das Ciências e das Técnicas e Epistemologia. O Orientador foi Luiz Pinguelli Rosa, DSc. e a Coorientadora, Maira Monteiro Fróes, DSc.. A tese foi aprovada em 25/05/2016.

Prefácio

O texto de Valeria Portugal parte da ideia da existência de uma lacuna na compreensão do ato criador, frase com que abre sua introdução. Em geral postula-se a concepção de uma ideia nova como fruto de um processo intuitivo como algo insondável e misterioso enraizado nos mecanismos inconscientes do cérebro. O eu lógico é por convenção separado do eu intuitivo. O primeiro seria responsável pela organização analítica do pensamento, e o segundo, pelas invenções. Propõe buscar o ponto de encontro desses dois polos duais. Considera então que no ato da criação há um distanciamento da solução lógica para emergir o resultado do processamento intuitivo.

Dá em seguida exemplos de invenções científicas históricas que se deram por compreensões súbitas em momentos em que não se estava debruçado sobre as questões em foco. Qualquer um de nós já passou por experiência deste tipo quando a solução de um problema aflora na mente quando não estamos pensando nele.

Valeria esboça um triângulo com o sujeito, o objeto e o processo de observação. Esta problemática se revelou fértil na mecânica quântica no início do século XX.

Considera que usualmente a atenção é voltada para fora, para o objeto observado. A ciência moderna é voltada para fora em geral, usando a abordagem de terceira pessoa, supondo um observador externo.

Nas neurociências a atenção se aplica sobre um objeto. Já a meditação transcendental se volta para dentro, sendo pois autorreferente.

Valeria trabalha sobre a hipótese de que o desenvolvimento do processo de conhecimento e, como sua manifestação, o *insight* vêm da integração afetivo-cognitiva. Defende então a perspectiva de que o conhecimento científico em si depende destas duas dimensões: a objetiva e a autorreferente.

Define como objetivo do seu livro dar uma fundamentação teórica sobre o potencial criador do cérebro unificando os processos referentes ao objeto e autorreferente.

Os três pilares para o conhecimento são apresentados como a dinâmica cerebral, a neurociência e a meditação transcendental, à qual dedica grande atenção no livro, composto de cinco capítulos, o primeiro dos quais é a introdução, em que define o problema abordado. O segundo capítulo trata do *insight* na perspectiva da neurociência, ou seja, adotando o método referente ao objeto, consistente com o paradigma materialista da ciência. Cabe neste ponto lembrar que a concepção de matéria sofreu grande modificação com a física quântica e a física atômica, onde o conceito de ondas de probabilidade tomou o lugar do antigo conceito de matéria.

No capítulo três, Valéria discute os processos autorreferentes e com ousadia explora o paradigma de que a consciência é preexistente em relação à matéria. A busca pela transcendência se fundamenta na ciência védica.

No capítulo quatro é explorada a dinâmica cerebral com base na abordagem do capítulo anterior. A relação cérebro-consciência é discutida através da análise das ondas cerebrais e da análise do cérebro em temas da tríade observador-processo de observação e observado.

Esta síntese mostra que a leitura deste livro leva a uma abordagem ao mesmo tempo ousada e rigorosa do problema da consciência.

Prof. Luiz Pinguelli Rosa, DSc.
Professor Emérito da UFRJ

Apresentação

O *insight* surge neste trabalho pela sua sustentação em três pilares básicos: sua manifestação, sua origem e seu processo. Estes alicerces correspondem aos aspectos primordiais da consciência em seu estado fundamental de onde se originam os níveis subjetivos da mente humana e os níveis objetivos da criação como o observado, o observador e o processo de observação. Sendo o *insight* uma atividade mental, ele pode ser investigado tanto por uma perspectiva referente ao objeto, aquela que pode ser analisada por um observador externo ao evento, cuja ferramenta mais indicada consiste na ciência moderna, quanto por uma perspectiva autorreferente que considera uma imersão interna do próprio sujeito, utilizando-se como recurso investigativo o método experimental da técnica da Meditação Transcendental originária da ciência védica. Propõe-se assim erguer cada pilar pautando-se na estrutura mais apropriada: as neurociências através de seus modelos cognitivo e neurofisiológico, a ciência védica através de sua explicação a respeito da consciência como elemento fundamental da natureza e a dinâmica cerebral como capaz de integrar os modos de funcionamento referente ao objeto e autorreferente e manifestar o seu potencial criador. Investigar a consciência através de um método prático amparado pela compreensão que o conhecimento védico proporciona realiza o poder organizador e criador de sua natureza, que pode ser processado pelo cérebro humano. Este método investigativo descortina a importância da experiência individual e da compreensão intelectual necessárias para se obter o conhecimento total de qualquer objeto de estudo. O *insight* revela o potencial criador do cérebro e desvenda a estrutura do conhecimento sustentado pela consciência.

Sumário

1. INTRODUÇÃO 13

2. PROCESSOS REFERENTES AO OBJETO NO ESTUDO DO
   INSIGHT 25
   2.1 O *insight* como o objeto da observação 26
   2.2 Os aspectos neurocientíficos do *insight* 31
      2.2.1 Aspectos cognitivos do *insight*. 32
      2.2.2 Estudos neurofisiológicos do *insight*. 41
   2.3 Neurociência da meditação 47
      2.3.1 Aspectos cognitivos da meditação 48
      2.3.2 Estudos neurofisiológicos da meditação 55
   2.4 A manifestação do *insight* 58

3. PROCESSOS AUTORREFERENTES 69
   3.1 A qualidade autorreferente da consciência 70
      3.1.1 A consciência como elemento fundamental da natureza 70
      3.1.2 A criação dos níveis de subjetividade. 81
   3.2 Os níveis de consciência 92
   3.3 O estado fundamental da consciência. 103
      3.3.1 A Consciência Transcendental 103
      3.3.2 A Meditação Transcendental 110
   3.4 A origem do *insight* 116

4. O POTENCIAL CRIADOR DO CÉREBRO 127
   4.1 O cérebro como refletor da consciência 129
   4.2 O cérebro como expressão dos aspectos da consciência 137
   4.3 Funcionamento cerebral total 159
   4.4 O processo do *insight*. 164

5. CONCLUSÃO 173

LISTA DE ILUSTRAÇÕES 179

LISTA DE TABELAS 181

REFERÊNCIAS. 183

1. Introdução

Existe uma lacuna na compreensão do ato criador. Mesmo ao se postular o surgimento de uma ideia nova como fruto de um processo intuitivo, este permanece sendo considerado como algo insondável, um dom misterioso entranhado nos mecanismos inconscientes do cérebro. Convencionou-se separar o eu lógico do eu intuitivo, sendo o primeiro responsável pela organização analítica das ideias, e o outro, autor das invenções. Faltou encontrar o ponto de unificação entre estes polos duais. Afinal também existe a possibilidade de se reconhecer que, no momento do ato criador, parece haver um distanciamento da solução lógica para que o resultado do processamento intuitivo se instale. O olhar a distância não é de outro senão do autor da nova ideia que é um único indivíduo possuidor dos dois eus.

Muitas descobertas e invenções científicas se deram por meio de compreensões súbitas nos momentos em que os autores não estavam debruçados sobre suas questões tentando resolvê-las pelo método racional. Vários exemplos podem ser citados ao longo da história das ciências, tais como, a lei do empuxo de Arquimedes, que a descobriu enquanto se banhava e percebeu que a quantidade de água que transbordava da banheira era igual ao volume do seu corpo; a lei da gravitação de Newton que foi formulada ao ver uma maçã caindo sobre a terra; ou ainda a descrição da forma do benzeno por Kekule por meio de um sonho onde surgiu a imagem de uma cobra abocanhando a própria cauda.

Este é o movimento da ciência na construção de suas teorias, olhar para fora através de experimentos, olhar para o processo através de conceituações. Este é o movimento da atenção do indivíduo que a constrói, olhar para fora na verificação da relação entre os objetos, e olhar para o processo da experiência dos objetos. As descobertas científicas decorrem do fato de as teorias existentes não explicarem os resultados de novos experimentos. Os atos criativos ocorrem através de um novo olhar interno para a relação dos objetos. Falta uma perna de sustentação para se construir tripés estáveis nestes movimentos duais. Na ciência a inclusão do sujeito e no conhecimento a do observador, que fornece o entendimento do processo que une objeto e sujeito, formam uma triangulação autossustentável entre observador, processo de observação e observado.

A pesquisa do *insight* trata tanto do momento criativo quanto do ato criador, sendo o objeto de conhecimento e processo unificador entre observado e observador; assim este trabalho visa investigá-lo tanto por uma perspectiva referente ao objeto quanto autorreferente, trazendo à tona a necessidade de considerar o potencial unificador do cérebro para uma compreensão ampla da questão. Por *insight* entende-se a compreensão súbita de um problema. Por não existir um vernáculo em língua portuguesa que forneça a tradução literal do termo, ele será expressado em língua inglesa.

Insight, como o próprio termo sugere, envolve necessariamente uma visão de dentro, correspondendo a um fenômeno que suscita o resgate de um conhecimento interno para a solução de um problema externo. Tanto sob uma perspectiva subjetiva quanto numa perspectiva objetiva, a solução analítica de um problema distingue-se prontamente da solução obtida através de *insight*. A solução analítica se desenrola através de uma série de passos que podem ser acompanhados e replicados. Já a solução por *insight* acontece espontaneamente, de maneira súbita, de tal forma que repetir a experiência, pode-se dizer, é impossível.

As experiências de *insight* vêm sendo alvo de investigação, em situações de experimentação controlada, endereçando a hipótese de que existem correspondências do *insight* com mecanismos neurais,

INTRODUÇÃO

e, portanto, passível de abordagem científica, objetiva. No processo de ir para fora (dimensão objetiva de conhecimento) e voltar-se para dentro (dimensão autorreferente de conhecimento), a investigação do fenômeno pela perspectiva da ciência, pela perspectiva do sujeito, e pela perspectiva do processo através do cérebro humano como elemento unificador, torna-se fundamental, pois assim utilizam-se os três eixos do conhecimento: o objeto observado que é o estudo do *insight* pela perspectiva neurocientífica, a perspectiva autorreferente do observador, que é a fonte do conhecimento, e o processo de observação através de uma descrição da dinâmica cerebral em seu potencial de unificação dos dois processos.

Todo conhecimento deve envolver três fatores relacionados entre si: o conhecedor (observador), o objeto de conhecimento (observado) e a relação que une os dois, que é o processo de conhecimento. Qualquer ato de aprendizagem que não considere os três aspectos não fornece a visão integral do fenômeno que está sendo aprendido. Conhecer algo envolve a experiência do conhecedor que se modifica quando em contato com o objeto conhecido, e, ao conhecer algo, surge instantaneamente o processo de conhecimento. Assim funciona a atenção que o indivíduo coloca em algo, que pode estar direcionada em dois sentidos, ou ela pode estar voltada para fora, para o objeto, ou para dentro, voltada para o ser. Os pensamentos que surgem na superfície ao nível da consciência de vigília vêm de uma fonte mais profunda a partir de onde passam por processamentos subconscientes até emergirem de forma que possam ser externalizados. A fonte do pensamento pode ser atingida através do processo autorreferente que conduz à imersão no ser. Usualmente a atenção encontra-se voltada para fora, para o objeto. A maior parte dos métodos que a ciência moderna utiliza é considerada como sendo métodos de terceira pessoa, ou seja, métodos onde um observador externo ao experimento verifica os resultados alcançados. A ciência e seus métodos têm se mostrado eficazes na resposta a diversas perguntas, mas se deparam com seus limites na busca do entendimento e da explicação de questões relacionadas aos aspectos sutis da existência, da vida e da consciência. Ao englobar o olhar científico, a proposta de incluir o sujeito da observação ao método o amplia e correlaciona o conhecimento do objeto com a experiência do conhecedor.

O termo atenção nas neurociências e psicologia experimental implica a atenção sobre algum objeto. No entanto, aqui seria preciso enfatizar que o estado de autorreferência, de conexão com a consciência transcendental, se trata de um estado de imersão sem qualquer tipo de objeto. O que se entende com voltar a atenção para fora seria referente a um fluxo de informações vindo dos sentidos, enquanto voltar a atenção para dentro seria abrir-se à percepção do próprio sujeito até o ponto de transcender esta percepção e atingir uma imersão sem objeto.

Quando a atenção é colocada sobre algo, trata-se de um processo referente ao objeto. Mesmo quando, inicialmente, a atenção se volta para dentro em direção ao ser, ela está colocada sobre o objeto, as sensações subjetivas. Esta atitude, no entanto, permite que daí surja a experiência de percepção pura, e ocorre assim a autorreferência. Voltar a atenção constantemente para o próprio ser, de onde surgem os pensamentos, através de uma técnica de autorreferência, como a Meditação Transcendental, modifica o cérebro e amplia a experiência, pois o que permite a experiência de consciência, seja em qualquer nível, é a atividade do cérebro. A prática da transcendência, cujo objetivo está em reduzir o conteúdo mental a um estado de silêncio interior de completa autopercepção, treina o cérebro fazendo com que os níveis conscientes de processamento sejam ampliados englobando os níveis subconscientes e permite que o cérebro seja utilizado de forma unificada com a atenção voltada tanto para o objeto quanto para o ser, facilitando a expressão do seu potencial criador. Propõe-se portanto tratar da existência de um estado fundamental da consciência pela prática da observação autorreferente, de um estado onde a consciência é apenas consciência de si mesma e não de algo. A análise da dinâmica cerebral, por esta perspectiva, vai expressar o papel do cérebro como mediador do ato de criação. Por este viés, torna-se relevante considerar o aspecto referente ao objeto (RO), o autorreferente ou referente ao ser (AR), e, através do processo de conhecimento (PC) que une os dois aspectos, integrar as partes do conhecimento à unidade do conhecimento. Portanto, ao longo deste trabalho será necessário olhar para cada um destes três aspectos e depois unificá-los, conforme ilustrado no diagrama abaixo.

Diagrama 1: Atenção referente ao objeto e autorreferente

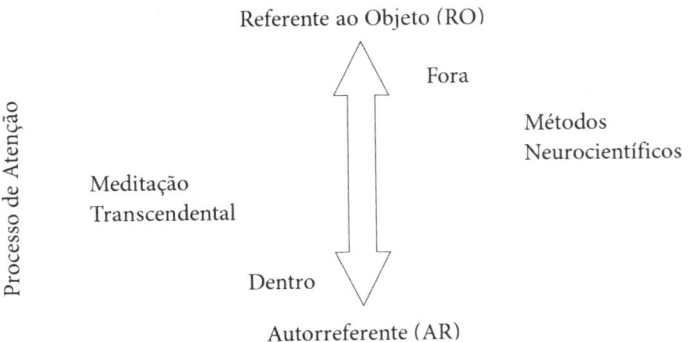

Aspectos referentes ao objeto estão relacionados às descrições que usam parâmetros de tempo, espaço e matéria, sendo assim, o estudo referente ao objeto engloba a compreensão do *insight* através dos métodos propostos pela neurociência e pelas práticas meditativas de concentração e monitoramento aberto. Aspectos referentes ao sujeito do conhecimento se relacionam à experiência pura, atemporal, adimensional e sutil, e, para o estudo referente ao ser, torna-se necessário o entendimento de uma técnica de autotranscendência automática, como a Meditação Transcendental. O desenvolvimento do processo de conhecimento se refere ao funcionamento do cérebro durante a ocorrência do evento, para isso, busca-se pesquisar a dinâmica cerebral em correspondência tanto com a expressão do objeto de conhecimento, ou seja, a solução do problema por *insight* e o relato da experiência, quanto com a experiência de conexão com a consciência que gera o *insight*. Mesmo os pesquisadores reconhecem que para surgir uma compreensão clara e espontânea é preciso romper com o raciocínio formal e se conectar com o vazio de onde surge o pensamento súbito impregnado da nova ideia. De um local silente e, ao mesmo tempo, repleto de dinamismo, capaz de criar, sendo possível encontrar correlações neurofisiológicas com o estado autorreferente e com o momento do *insight*. Estas correlações permitem a construção de elos entre o método da ciência e o conhecimento filosófico de onde se origina a prática da Meditação Transcendental e que confere validade aos seus resultados.

Na presente obra, trabalha-se a hipótese de que o desenvolvimento do processo de conhecimento e, mais especificamente, sua preciosa manifestação criativa, o *insight*, seriam otimizados pela integração afetivo-cognitivo-comportamental dos recursos providos pela vivência simultânea e sobreposta destas duas dimensões da experiência, i.e., objetiva e autorreferente. Defender esta hipótese na perspectiva do conhecimento científico em si depende de trabalhar a possibilidade de que estas duas dimensões da experiência estejam assinadas do ponto de vista neurofisiológico e acessíveis tecnologicamente. Para isso, é necessário considerar um sistema híbrido de investigação, no qual os aspectos subjetivos sejam peças ativas no tabuleiro experimental e interpretativo da investigação, qualificando-a, assim como os objetivos já o fazem.

Este trabalho possui o objetivo de prover uma fundamentação teórica sobre a manifestação do potencial criador do cérebro, que ocorre pela unificação dos processos referentes ao objeto e dos autorreferentes. Para tanto o fenômeno do *insight* será investigado como elemento de junção e emergência de ambos os processos. Compreender os aspectos cognitivos, sensíveis e experimentais do *insight*, que se manifestam através de uma triangulação de conhecimento que considera seus três fatores inter-relacionáveis: observador, processo de observação e observado, conforme mostrado no diagrama 2, garante uma investigação pautada em uma estrutura estável.

Diagrama 2: Os três pilares para o conhecimento total do *insight*

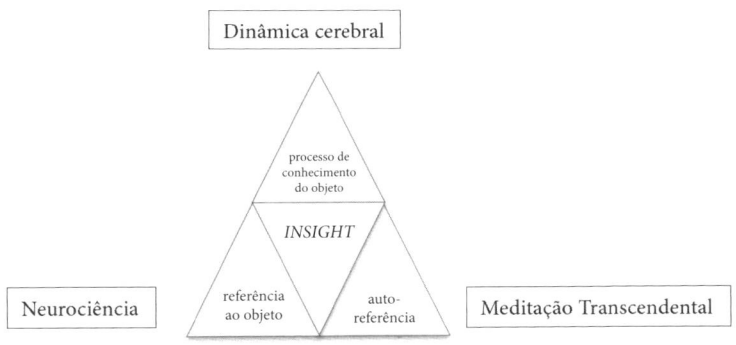

A proposta de inclusão de uma metodologia autorreferente na investigação científica do *insight*, enquanto objeto de estudo, propicia o entendimento do potencial criador do cérebro em perspectivas mais amplas. Sendo a criatividade um dos mecanismos-chave para a construção do novo e para a evolução do indivíduo e da sociedade, e o *insight* um elo para a criatividade, compreendê-los em sua dimensão mais profunda e recôndita pode propiciar o desenvolvimento de recursos para tornar o ser humano cada vez mais criativo e criador.

A estrutura deste trabalho está composta por cinco capítulos. O capítulo inicial consiste desta introdução, que apresenta a proposta da tese e a forma como o objeto de estudo será investigado, além de conter o objetivo, a relevância e o formato da obra. O capítulo dois investiga o *insight* propriamente dito através da perspectiva neurocientífica, ou seja, consiste na proposta de buscar compreender o fenômeno do *insight* (o observado) através dos processos referentes ao objeto. Os achados deste capítulo devem ser consistentes com as propostas inseridas dentro do paradigma materialista, que considera que o sistema nervoso seja o responsável pela existência do fenômeno da consciência. Neste capítulo inclui-se ainda uma discussão sobre duas das três categorias existentes de práticas meditativas. Considera-se relevante dissertar sobre diferentes práticas meditativas, seus benefícios e seus efeitos no cérebro, pois, mais adiante, analisar-se-á a técnica da Meditação Transcendental como prática privilegiada para acessar os processos autorreferentes. As técnicas que se incluem nas categorias de concentração e monitoramento aberto são consideradas como práticas referentes ao objeto porque a atenção de seus praticantes está sempre voltada para algo e, em consequência, apresentam marcos neurofisiológicos característicos dos processos referentes ao objeto. A Meditação Transcendental, em contrapartida, encontra-se inserida em uma terceira categoria de práticas meditativas denominada autotranscendência automática, e sua utilização permite que o indivíduo acesse os processos autorreferentes, que também apresentam marcadores cerebrais próprios. O capítulo três, onde se discute os processos autorreferentes, visa explorar o paradigma que considera a Consciência como sendo pré-existente, ou seja, primária à matéria. Um paradigma que abarca o materialismo e os achados da ciência moderna e o amplia, indo de encontro à fonte de onde surgem o pensamento e todo o mundo manifesto. Autorreferência significa em referência à fonte de onde brota o pensamento, onde o indivíduo pode se dessedentar pelo uso apropriado de técnicas que conduzem a atenção para além das próprias funções subjetivas. Aqui a busca pela transcendência da matéria encontra respaldo na Ciência Védica e nos estudos científicos que correlacionam as observações transmitidas pelo conhecimento védico com achados pautados nos métodos da ciência moderna. Para entender de fato a transcendência não é possível prescindir da experiência pessoal. Todavia, como este texto não pretende ser um manual para o ensino do alcance da transcendência, que permitiria a experiência da consciência pura, procura-se alicerçar a existência de um estado fundamental da consciência sobre marcadores fisiológicos específicos, mensuráveis e replicáveis. Entender intelectualmente a transcendência sem experimentá-la pode ser ilustrado como um círculo, cuja existência está totalmente compreendida em um plano bidimensional, que tenta entender a esfera que existe em três dimensões. A esfera no papel e a transcendência no intelecto são representações de instâncias de dimensão superior. Quando o indivíduo se encontra no estado fundamental de consciência, a percepção é a de um testemunhador silencioso que observa o processo de criação brotar da própria fonte. Dentro da tríade proposta, este capítulo representa o viés do observador.

No quarto capítulo explora-se a dinâmica cerebral a partir da perspectiva desenvolvida no capítulo três, ou seja, busca-se interpretar o cérebro como ele sendo capaz de refletir os fundamentos da Consciência, para fazer a união com os achados do capítulo dois. A relação cérebro-consciência pode ser estabelecida através da análise das ondas cerebrais e da análise do cérebro em termos da tríade observador-processo de observação-observado, em que se vislumbra o funcionamento cerebral em sua capacidade de unificação dos processos autorreferentes e referentes ao objeto, manifestando assim o seu potencial criador.

A dinâmica da consciência se relaciona à dinâmica do cérebro, esta, por sua vez, pode ser mensurada pela dinâmica das ondas cerebrais. Os quatro níveis de consciência, discutidos no capítulo três, sono, sonho, vigília e transcendência, podem ser correlacionados a marcadores neurais e somáticos específicos. Os diferentes tipos de ondas cerebrais se relacionam com os diferentes níveis, podendo indicar em que nível, num determinado instante ou período de tempo, é mais provável que o sujeito se encontre. Vislumbrando o cérebro humano como palco onde ocorrem as interações entre experiência do objeto e experiência do ser, através da investigação de seu funcionamento nas questões envolvidas no *insight*, propõe-se verificar a manifestação de seu potencial criador através de marcos neurofisiológicos mensuráveis caracterizados particularmente pelas ondas cerebrais.

No estudo da dinâmica cerebral sob a perspectiva de unificação dos processos referentes ao objeto e autorreferentes enfatizam-se as relações objeto-processo-sujeito correspondentes às funções gerais designadas para as regiões cerebrais. Assim sendo, os seguintes córtices se relacionam com o objeto: occipital-objetos visuais; parietal somatossensorial-sentido de toque; temporal: auditivo e memória de trabalho; frontal motor-ação muscular. O córtex parieto-occipital encontra-se relacionado com o processamento de informações relacionadas com o objeto. O córtex pré-frontal está primordialmente relacionado ao sujeito, destacando-se o sentido de identidade, valores e crenças, objetivos pessoais e motivação, criatividade, decisão, autocontrole e hábitos.

Para obtenção de medidas eletroencefalográficas referentes ao processo da atenção (RO-AR) o uso de um aparelho com quatro canais fornece uma visão esquemática. Um eletrodo deve ser colocado no córtex pré-frontal direito, outro no esquerdo, os outros dois no córtex occipital direito e esquerdo. Com este posicionamento dos quatro eletrodos, pode-se verificar a atividade cerebral da região anterior (atenção referente ao ser), do córtex posterior (atenção referente ao objeto), e a integração entre região posterior e anterior, lateral (direita e esquerda) e global. Através da dinâmica das ondas cerebrais, diferentes frequências de atividade cerebral podem ser mensuradas pelo aparelho de eletroencefalograma. Elas podem ser divididas em cinco grupos principais, as ondas gama, beta, alfa, teta e delta. Cada uma corresponde a um espectro de frequência e se relaciona com determinados comportamentos.

O parâmetro que determina o aumento de ordem no funcionamento entre as regiões do cérebro denomina-se coerência. A coerência é determinada pela estabilidade da fase das ondas verificadas entre os eletrodos. A coerência varia de zero a um, onde zero indica que não há ordem, e um, que a coerência é máxima. Um aumento de incidência de ondas alfa indica um aumento da atenção voltada para dentro, para o ser. A prática da Meditação Transcendental promove o aumento de incidência de ondas alfa e também o aumento da coerência entre os eletrodos direito e esquerdo do córtex pré-frontal. Começa-se a verificar também o aumento de coerência entre os córtices posterior (RO) e anterior (AR), ou seja, o indivíduo passa a integrar a sua visão do mundo com a sua visão de si mesmo.

Como será visto em mais detalhes nos capítulos que se seguem a esta introdução, ondas alfa estão classicamente relacionadas com o modo de inatividade. Coerência de ondas alfa 1 está diretamente implicada na prática da Meditação Transcendental, que é uma técnica conducente ao processo de conhecimento autorreferente. Pode-se assim inferir que a presença de ondas alfa indica uma inibição do processo referente ao objeto e uma exacerbação do processo autorreferente. Um disparo de ondas alfa momentos antes do surgimento de um *insight* significa que o indivíduo voltou sua atenção para dentro ativando o processo autorreferente, para, em seguida, ter uma experiência referente ao objeto encaixando o conhecimento adquirido nos parâmetros de solução do problema, permitindo a externalização e a ação. Numa perspectiva evolucionista, como fruto da experiência constante do nível transcendente provocado pela prática da Meditação Transcendental, o cérebro se modifica, e alguns dos efeitos que podem ser verificados são: mais facilidade no aprendizado de conceitos, maior estabilidade emocional, autopercepção ampliada e maior fluxo de ideias e de *insights*.

Em seu funcionamento dual de controle das funções viscerais e das relações com o ambiente, o cérebro possui a capacidade de unificar os dois polos. Processa a atenção referente ao objeto e a autorreferente unificando-as, permitindo a manifestação do potencial criador humano. A proposta deste trabalho em demonstrar a tese de que o *insight* ocorre na unificação dos processos referente ao objeto e autorreferente será desenvolvida por uma linha de raciocínio que contempla a necessidade do conhecimento do problema e explora a atenção referente ao objeto e constata seus limites. Em seguida, pela exploração autorreferente e o desbravamento do observador e de onde surge o processo de criação. Desenvolvidos os pontos de vista do observado e do observador, pretende-se forjar o elo entre os dois explorando o processo de observação, que é o conhecimento do *insight* pela junção das duas perspectivas complementares. A intensidade da ocorrência do *insight* depende do conhecimento dos parâmetros referentes ao objeto, da profundidade de conexão autorreferente, correlacionada ao nível de evolução da consciência individual e da ligação entre os dois.

Após a elaboração da proposta descrita acima, o quinto capítulo apresenta a conclusão alcançada, as possíveis perspectivas para continuação do trabalho e as proposições para futuras pesquisas relacionadas ao tema e aos achados.

O entendimento de como o *insight* ocorre pode ser transferido para o contexto das invenções científicas, da criação artística, da solução de problemas e da compreensão de aspectos subjetivos. A unificação dos processos fragmentados de conhecimento é o que permite a expressão criadora do cérebro. Manter-se no processo referente ao objeto gera a repetição de conhecimentos adquiridos. Manter-se no processo autorreferente isola a expressão do conhecimento. A busca pelo entendimento do ato criador envolve o clareamento do obscuro processamento de conexão entre o pensamento grosseiro e sua fonte límpida. Urge o mergulho para além do pensamento até a fonte.

2. Processos referentes ao objeto no estudo do *insight*

Processos referentes ao objeto são aqueles em que a atenção do sujeito que sofre a experiência está voltada para fora na direção do objeto. Os relatos referentes a este tipo de experiência utilizam como parâmetros aspectos relativos ao tempo, ao espaço e às sensações corporais. A ciência, de forma clássica, realiza experimentos que são processos referentes ao objeto. Neste caso o *insight* se torna o objeto em questão a ser estudado por uma perspectiva onde o investigador observa a ocorrência do fenômeno como observador externo.

Neste capítulo investigam-se as bases neurofisiológicas e comportamentais na pesquisa do *insight*. Nos trabalhos que estudam os mecanismos envolvidos na solução de problemas, o *insight* pode ser considerado um modo diferenciado de solução com características específicas, que podem ser identificadas tanto por processos neurais quanto cognitivos. A partir da definição de *insight* proposta pela neurociência fundamentada pelas teorias cognitivas existentes a respeito do fenômeno e pelos processos neurais subjacentes, verifica-se se ele é efetivamente um evento que possua marcadores específicos que o caracterizam. Com o objetivo de estabelecer correspondências positivas ou negativas entre os processos e/ou marcadores estabelecidos para o *insight* pelas neurociências e os atributos desenvolvidos pelas práticas meditativas ou envolvidos nelas, investiga-se também os mecanismos cognitivos e neurofisiológicos da meditação. Para tanto a investigação está dividida em quatro partes, os mecanismos cognitivos do *insight*, onde se apresenta as teorias que propõem uma explicação da ocorrência do *insight* através de mecanismos cognitivos, por meio de processamento de informações ou por mecanismos perceptivos (*Gestalt*); os processos neurofisiológicos do *insight*, que buscam marcadores neurais específicos do evento; os mecanismos cognitivos da meditação e os processos neurofisiológicos da meditação. Estabelecidos os mecanismos cognitivos e os processos neurofisiológicos tanto do *insight* quanto da meditação, torna-se possível correlacioná-los para se verificar as correspondências de facilitação ou de inibição.

As práticas meditativas abordadas neste capítulo são as inseridas nas categorias de concentração e monitoramento aberto. As práticas pertencentes a estas categorias apresentam como característica o controle cognitivo maior e a atenção voltada para algum objeto. Propõe-se verificar a influência direta ou indireta destas práticas sobre a manifestação do *insight* conforme preconizado pela neurociência.

2.1 O *INSIGHT* COMO O OBJETO DA OBSERVAÇÃO

Existe uma gama de definições potenciais para o *insight* dependendo das características que se seleciona. A definição mais ampla deve ser considerada não científica porque seria muito complexa de se pesquisar, sendo ela descrita como qualquer compreensão profunda, repentina ou não. Propõe-se uma definição mais estreita que seja propensa à análise: *insight* é a mudança súbita na representação de um conhecimento, conduzindo a uma solução, ou reinterpretação, da situação. Ele é comumente acompanhado de uma reação emocional de surpresa positiva em relação ao resultado ou à maneira de como se chegou à solução.

Quantas vezes uma questão aparentemente insolúvel parece ficar rondando os pensamentos até que subitamente, sem alerta, surge uma resposta para ela. Estas questões englobam tanto problemas específicos que se apresentam, seja em situações do dia a dia seja através de eventos mais particulares como os propostos para investigação do *insight*, quanto instâncias que exigem uma compreensão não aparente, exemplificadas por se entender uma piada ou se conectar com a intenção do artista através da expressão de sua obra.

Quando os problemas estão bem definidos, pode ser mais indicado se valer da lógica e da análise para resolvê-los. Neste caso faz-se uso de conhecimento adquirido através de instrução explícita, geralmente formal. No entanto, vários problemas enfrentados pelas pessoas são complexos, mal estruturados e multimodais. Eles clamam por uma abordagem mais intuitiva, pela busca de recursos recônditos que desafiam a racionalidade. Para solucioná-los o mais indicado seria o uso de conhecimento adquirido através de experiência. Uma frase célebre atribuída a Confúcio diz que a experiência é uma lanterna que se coloca nas costas. A frase em si pode ser um excelente exemplo de que sua compreensão exige mais intuição do que análise, e o entendimento profundo dar-se-ia através de um *insight*. Uma das interpretações, já que o papel da experiência foi citado, seria a de que, tendo o sujeito passado por alguma experiência, o conhecimento adquirido através dela está ao seu dispor, embora ele não o veja. Nem sempre o sujeito consegue resgatá-lo ou conectá-lo a outros elementos para que possa ser útil, mas ele está disponível. O indivíduo pode não se lembrar do conhecimento, pode não saber que ele está em algum lugar acessível, ou ainda pode nem saber que adquiriu aquele conhecimento.

Insight não deve ser entendido apenas como solução de um problema apresentado, com tempo determinado para resolução, mas pode ser considerado num âmbito bem mais alargado, pode ser tomado como um lampejo súbito da compreensão de aspectos anteriormente velados, que possa trazer esclarecimento de uma questão pessoal profundamente enraizada e obscurecida, de um contexto científico de onde emerge uma invenção, de um contexto artístico de onde emerge uma obra ou de um contexto de onde surge repentinamente qualquer criação. *Insight* é o clarão do raio que permite que o indivíduo vislumbre sua criação, mesmo que, neste momento, ele ainda não entenda como ela foi criada. O encontro com o criador pretende ser discutido no capítulo seguinte. Sheth (2008) argumenta que existe uma distinção entre chegar à solução em sua própria mente, que seria o *insight* em si, e ter o entendimento de uma solução fornecida, ao que ele denomina *outsight*, como, por exemplo, entender uma piada. Esta distinção, no entanto, parece uma formalidade, pois os dois casos implicam uma reorganização dos elementos do entendimento. Entender uma metáfora ou apreender o sentido de uma obra de arte deve envolver processos neurais semelhantes aos da solução de um problema via *insight*.

Das diferenças entre *insight* e não *insight* destaca-se: que o sujeito experimenta sua solução como súbita e correta; que antes de se produzir a solução por *insight*, o sujeito experimenta um impasse; e que o sujeito é incapaz de relatar o processo que lhe permitiu superar o impasse e alcançar a solução (BOWDEN *et al.*, 2005). Em geral considera-se a quebra de um impasse mental e a reestruturação do problema como condições indispensáveis para a ocorrência do *insight*. No entanto, Kounios e Beeman (2014) não consideram o impasse como condição necessária para ocorrência do *insight*, embora, quando ele acontece, torne mais claro o surgimento do *insight*. O impasse, ou um período de incubação, quando surge, é experimentado pelo sujeito como um estado mental que ocorre durante sua busca pela solução do problema quando ele sente que todas as opções foram exploradas e ele não sabe o que fazer em seguida. O processamento inconsciente anterior à ocorrência do *insight* pode ser influenciado por características perceptivas de baixo nível e atuar no tempo do impasse.

Um campo perceptivo desequilibrado dá margem ao surgimento de um pensamento focado numa tentativa malsucedida.

Pode-se também considerar como *insight* os fenômenos que ocorrem quando a solução surge repentinamente sem que o indivíduo esteja focando em alguma estratégia, ou seja, o indivíduo se defronta com uma situação que demanda uma resposta, mas ele não está engajado em uma estratégia de solução e, ainda assim, lhe ocorre subitamente qual a ação a ser empreendida. Ou a pessoa estando engajada numa solução analítica, mas, sem ter chegado ao resultado ainda, pode ter um *insight* sem passar por um impasse, assim como ocorre quando a pessoa tem uma compreensão repentina sem que ela esteja relacionada a algum problema.

A experiência afeta a organização do conhecimento. Se a experiência é repetida ela é reforçada através de conexões neurais mais robustas e pode criar padrões automáticos de comportamento. O conhecimento adquirido através de experiência formal encontra-se organizado em esquemas sofisticados, que podem ser bem articulados. O conhecimento adquirido através de experiência do dia a dia deve estar armazenado em esquemas informais, muitas vezes difíceis de serem articulados, até mesmo porque sua expressão consiste em uma redução dos aspectos mais amplos implicitamente contidos. Fazer uso da sua intuição pode permitir a captura de conceitos estabelecidos através de experiência que o próprio indivíduo talvez nem saiba que tenha adquirido.

Quando se tem a percepção de (algo), o nível de conhecimento estabelecido é externo e é atribuído ao nível de consciência que faz referência a algum objeto, mesmo que este objeto esteja guardado na memória, mas acessível à lembrança no momento em que ocorre a busca por ele. O nível de consciência que oferece a resposta do conhecimento sem referência ao objeto é mais profundo do que o anterior, que tanto existe com o nível de consciência referente ao objeto quanto por si só. Subjacente aos estados relativos de consciência, vigília, sono e sonho, encontra-se um quarto estado, o estado fundamental da consciência, de onde os processos intuitivos emergem. Este assunto será abordado mais extensamente no próximo capítulo.

Intuição pode ser entendida como um processo integrativo que utiliza todos os tipos de informação que nem sempre podem ser articuladas explicitamente (PRETZ, 2008). O *insight* surge como um fenômeno que traz em si a realização, no sentido de manifestação, de um processo intuitivo.

O desempenho na solução de problemas vai depender de uma interação entre estratégia e nível de experiência. Se o indivíduo tem muita experiência e muito conhecimento em um tipo de problema, deve optar em resolvê-lo através de análise. Se ele tem pouca experiência e conhecimento, a estratégia mais indicada seria através de intuição. Além disso, as pessoas podem apresentar diferentes estilos cognitivos, que indicaria a preferência por uma estratégia mais intuitiva ou mais analítica. Os que buscam novos modos para solução (exploradores) obtêm mais sucesso com menor experiência. Os que preferem os métodos tradicionais de solução de problemas (assimiladores) são mais bem-sucedidos com maior experiência.

A experiência pode ser desenvolvida tanto nos aspectos referentes ao objeto, ou seja, aprofundar o conhecimento do objeto, quanto nos aspectos autorreferentes, ou seja, aprofundar o conhecimento de si próprio. E aqui, quando se diz próprio, quer-se dizer em referência ao quarto estado de consciência, que pode ser alcançado através da colocação da atenção em estados cada vez mais sutis do pensamento até se alcançar um estado de percepção pura sem pensamentos. A experiência repetida de conexão com este estado tornaria os padrões intuitivos mais destacados, permitindo que o sujeito fizesse uso dos elementos do conhecimento aí guardados, inacessíveis pela análise e pela lógica.

A solução de problemas através do acesso aos processos intuitivos ocorre, em grande parte, de forma não consciente até emergir repentinamente na consciência como o clarão de um raio que ilumina a paisagem acompanhada de admiração e surpresa pela adequação da resposta. Este lampejo súbito, a manifestação do processo intuitivo, conhecido como *insight*, deve carregar consigo um aspecto qualificador da intuição, que é a criatividade. Esta, por sua vez, de acordo com Abraham (2007), apresenta produtos cujas propriedades características são a originalidade e a utilidade, ou a adequação para a tarefa em questão. Dois tipos de processos podem ser abordados com respeito à cognição criativa: o resgate de conceitos em diversos níveis de abstração e a combinação de conceitos anteriormente dispersos. O acesso aos níveis mais profundos de abstração estaria relacionado ao estudo da origem do *insight* no estado fundamental da consciência. No nível de consciência relativa, que estuda a manifestação do *insight*, o processo criativo consiste *num rearranjo* de elementos existentes na realidade.

2.2 OS ASPECTOS NEUROCIENTÍFICOS DO *INSIGHT*

Nas neurociências, para o estudo do *insight* como forma de solução de problemas, propõe-se a caracterização do fenômeno tanto como fruto de um processo cognitivo específico quanto pelo uso de técnicas que possam correlacionar objetivamente a experiência subjetiva do indivíduo testado. Pretende-se assim analisar as teorias cognitivas que abordem o assunto e determinar quais são os processos relevantes para o *insight* e fazer sua correlação com os circuitos neurais e regiões no cérebro. Para verificar as correlações utilizam-se problemas cujas soluções requisitem os processos traçados pelo modelo. O produto final do método é a objetivação de uma experiência subjetiva através da designação de circuitos neurais (PC) responsáveis pelo processamento do *insight* (objeto) que o sujeito (observador) vivenciou.

Insight pode ser definido como uma compreensão clara e súbita (KOUNIOS; BEEMAN, 2014), ou a solução repentina de um problema após um impasse (SHETTLEWORTH, 2012), com a reestruturação dos elementos da representação mental que o sujeito faz da situação (ÖLLINGER *et al.*, 2013), acompanhada de uma forte reação emocional, a experiência Aha! ou Eureca. (BOWDEN *et al.*, 2005). A resolução por *insight* pode ser vista como a transição abrupta do não saber para a resposta pronta e envolve uma atitude alternativa incondicionada, pois se o sujeito seguir a primeira ideia que a maioria seguiria é provável que ele não chegue à solução espontânea. O *insight* parece surgir quando o sujeito se liberta de conceitos limitadores e forma novas conexões entre suas habilidades. Daí poder-se dizer que trata de um aspecto da criatividade e talvez entendê-lo possa ser conducente a um pensamento mais criativo e a ações mais criadoras. No entanto, vários autores sugerem, dentre eles Bowden e colaboradores (2005), que os mecanismos subjacentes à emergência do *insight* permanecem velados apesar do progresso na caracterização do fenômeno. Por velados eles podem ser tanto desconhecidos quanto inconscientes. Em contrapartida, estabelecendo relações de correspondência entre processos conhecidos e técnicas que possuam mecanismos de facilitação a eles, torna-se possível realçar as características predominantes do fenômeno. Sua investigação se inicia no item a seguir, que aborda os aspectos cognitivos.

2.2.1 Aspectos cognitivos do *insight*

Na tentativa de evidenciar o *insight* busca-se compreender se ele é fruto de um processo cognitivo característico, diferenciado das rotinas de uma solução analítica. Não é suficiente abordar a questão do processamento cognitivo da solução de problemas através da dicotomia solução analítica *versus insight*. Fleck e Weisberg (2014) sugerem que o processo cognitivo envolvido na resolução de problemas siga um *continuum* entre a análise e o *insight*. A análise estaria num extremo e mais próxima dos elementos racionais e lógicos, e o *insight* em outro extremo mais próximo dos elementos inconscientes, não encadeados. A resolução de problemas por *insight* poderia ser considerada, então, um processo especial qualitativamente diferente do pensamento analítico ou reprodutivo (DANEK *et al.*, 2014).

Propõe-se assim abordar os processos cognitivos baseados nas três características principais do *insight*, que podem ser listadas como: aparece de forma súbita, acompanhado pela experiência subjetiva de surpresa; ocorre depois de um impasse, enquanto há um período de incubação; e envolve a reestruturação do problema, devendo este ser abordado de forma nova.

A solução repentina que caracteriza um *insight* pode ser averiguada por um estudo baseado na teoria da *Gestalt*, que considera fatores da percepção como forma de explicar os comportamentos manifestados. O estudo focava no sentimento de mais quente quando os indivíduos estavam mais próximos da resolução do problema (KOUNIOS; BEEMAN, 2014). Constatou-se que o sentimento de mais quente era percebido quando eles estavam próximos de uma solução analítica, mas não quando o *insight* emergia. Parece não haver informações parciais durante a solução por *insight*. Ele ocorre em uma transição discreta de um estado sem informação consciente da solução para a solução final completa sem estados intermediários. Ou seja, ele surge de forma abrupta, embora a experiência consciente do *insight* se relacione diretamente à experiência inconsciente que o precede. O processamento global gestáltico deve conduzir a singularidade da solução, portanto, a carga emocional que acompanha o aparecimento repentino da solução no pensamento deve ser uma qualidade de percepção do todo e não do acúmulo das partes. Processos utilizados na percepção do problema também podem estar relacionados à dificuldade de se encontrar a solução no que concerne a imposição de uma restrição não descrita pelo problema e a falha em se considerar possíveis alternativas, como no problema dos nove pontos em que a atenção permanece fixada na forma implícita do quadrado pelo arranjo dos pontos.

Restrições autoimpostas são consideradas uma característica chave na teoria de Mudança Representacional de Knoblich e Ohlsson (1999) que propõem que a representação inicial do problema criada pelo indivíduo possui uma probabilidade de sucesso pequena. Ocorre então um impasse, outra característica relevante para o surgimento de um *insight*, e, para que a solução bem-sucedida aconteça, é necessário haver uma reestruturação da representação inicial. As mais diversas representações compõem o espaço do problema, que pode ser definido como quantidade de construções que podem ser geradas pelos objetos disponíveis (FLECK; WEISBERG, 2014). Algumas vezes os espaços dos problemas são muito grandes para serem totalmente explorados e os procedimentos apropriados para orientar e restringir o espaço não são plenamente utilizados. Por isso a representação do objetivo restringe a exploração inicial do espaço do problema que pode impor restrições desnecessárias ou não ser abrangente o suficiente. O problema precisa sofrer uma mudança representacional para que, através do relaxamento das restrições, o impasse possa ser superado. Representação pode ser entendida como ativação de partes do conhecimento na memória. O relaxamento das restrições provoca uma mudança na distribuição da ativação das partes de conhecimento e permite a reestruturação da representação do objetivo do processo de solução. O mais provável é que a representação inicial seja construída com os elementos dominantes da cognição, que impede que os não dominantes sejam usados. Para a reestruturação da representação é preciso que mecanismos cognitivos favoreçam o resgate dos elementos não dominantes para deixá-los disponíveis.

O conhecimento prévio determina quais elementos são partes da representação do problema. O modo como o indivíduo percebe o problema, que está diretamente ancorado em processos cognitivos dominantes, muitas vezes automatizados, conduz à forma do agrupamento dos elementos em porções e o indivíduo que busca solucionar o problema forma uma representação específica do objetivo a ser alcançado. A decomposição das porções pode ser considerada um mecanismo importante para se modificar a representação e atingir o *insight*, pois pode assegurar novos significados aos elementos de uma representação do problema, já que, quando uma porção é decomposta, novas porções podem ser formadas e caminhos alternativos para a solução podem ser considerados. Esta atitude é necessária para superar as restrições autoimpostas que impedem o indivíduo de encontrar a solução correta (ÖLLINGER *et al.*, 2013).

Se o contexto do problema for construído a partir do uso repetido de um procedimento que foi bem-sucedido em situações prévias similares, a tendência é a fixação da estratégia escolhida. A aplicação repetida de um método bem-sucedido cega qualquer alternativa por causa da mecanização do método particular de solução. O conjunto mental do indivíduo aumenta a probabilidade de um procedimento específico ser selecionado porque ele foi repetidamente bem-sucedido no passado próximo. O conhecimento prévio, por outro lado, se relaciona com a probabilidade inicial de um procedimento ser selecionado, independente do conjunto. O conjunto mental está diretamente ligado à situação do problema que é influenciada por fatores externos. No *insight* o comportamento para solução do problema é impulsionado por fatores internos, por exemplo, restringir o contexto em função de conhecimento prévio. Neste caso o ajuste do procedimento não é suficiente para se chegar a uma solução, seria preciso uma mudança fundamental da estrutura do conhecimento. Os efeitos do conjunto mental envolvem processos de memória de curto prazo, pois são criados por fatores externos no contexto do problema presente, enquanto os efeitos do *insight* envolvem processos de memória de longo prazo porque eles são criados pelas concepções prévias que o indivíduo tem dos componentes do problema a ser solucionado.

Tanto o conhecimento prévio (longo prazo) quanto o conjunto mental (curto prazo) conduzem à fixação e em consequência inibem o alcance do *insight*. O conjunto mental cega o participante para abordagens mais diretas. Ter um novo *insight* e reforçá-lo sucessivamente inibe processos alternativos que são necessários para resolver problemas de outros tipos. Como consequência, os processos alternativos não encontram oportunidade de ultrapassar o limiar para a percepção consciente. O conhecimento prévio causa fixação em determinados aspectos do problema impedindo a sua resolução. A dificuldade do problema está relacionada à extensão com que o conhecimento prévio precisa ser ultrapassado. São processos separados, mas ambos possuem efeito inibitório na solução de problemas por *insight*.

Tão importante quanto superar as restrições desnecessárias está a capacidade individual de raciocinar adiante. Quando o indivíduo percebe antecipadamente que os movimentos escolhidos não conduzem à solução, ele busca uma nova estratégia que possa ser bem-sucedida. Se as pessoas escolhem hipóteses iniciais baseadas em experiência prévia que, além de não conter a solução correta podem ser diversificadas o bastante para que o indivíduo não consiga percorrer todas as soluções, elas não chegam à conclusão do problema. Portanto, a ideia de se monitorar o progresso pode se tornar um caminho mais viável, onde o olhar a distância que facilita a construção do pensamento abstrato é promotor do *insight*. A teoria cognitiva de progresso monitorado de MacGregor, Ormerod e Chronicle (2001) suporta a ideia de que, para se resolver o problema, seria preciso minimizar a distância entre o estado atual do problema e o estado no qual o objetivo é alcançado, mas, quando se percebe que este procedimento não conduz à solução e se chega a um impasse, ocorre a busca de uma alternativa.

Para determinar o fluxo do processo de informações na solução de problemas foi constatada a importância de se prever o resultado com o número de movimentos disponíveis (progresso monitorado), ou seja, quanto antes o indivíduo perceber a impossibilidade de chegar a uma solução com o número de movimentos propostos utilizando a estratégia escolhida, mais cedo ele busca uma solução alternativa. A centelha que ilumina o movimento gerado pelo *insight* pode ser deflagrada pela antecipação do fracasso, e não apenas pelo fracasso em si.

A experiência da antecipação do fracasso e a ocorrência do fracasso em si podem gerar resultados qualitativamente diferentes. A falha em si não fornece orientação quanto à restrição a ser relaxada ou ao novo elemento a ser experimentado. Elementos alternativos escolhidos aleatoriamente na ausência de um critério de progresso monitorado conduzem a novos fracassos. Ou seja, é preciso um planejamento mental prévio que indique quais movimentos são mais conducentes ao sucesso. Em geral, o simples ato de cumprir as tentativas resulta em fracasso. Talvez esta observação explique por que simplesmente fornecer uma dica muitas vezes não cause o surgimento do *insight*. Para efetivamente ocorrer a conduta que supera o bloqueio, os movimentos precisam estar atrelados ao critério de antecipação de fracasso, senão os sujeitos continuam usando suas próprias estratégias iniciais (MACGREGOR, 2001). Isto também pode indicar que, quando um novo conhecimento é informado de fora para dentro, ele não é processado. Para ocorrer a mudança estrutural é necessário que o conhecimento surja do indivíduo que está resolvendo a questão. Soluções alcançadas por *insight* são mais bem recordadas do que as obtidas por não *insight* (DANEK *et al.*, 2014). A busca de novos movimentos, com relaxamento de restrições, guiada pelo progresso monitorado implica a construção de um novo espaço de problema, mais amplo do que com a antiga restrição, mas ainda limitado o suficiente para se tentar uma alternativa mais aproximada da solução, por isso a construção do pensamento abstrato é tão importante. Sucesso na obtenção do *insight* não depende apenas do relaxamento de restrições desnecessárias, mas em um estado de preparação e prontidão em que o sujeito está apto a ter atenção em informação que seja relevante para a solução. O relaxamento de restrição é necessário para que o *insight* ocorra, mas não é suficiente.

De um modo geral, o progresso monitorado está focado no processo da busca pela solução, enquanto a teoria da mudança representacional está focada na representação inicial que foi ativada por conhecimento prévio. Alguns estudos sugerem que a teoria do progresso monitorado descreve a cadeia de eventos antes de a mudança representacional ocorrer (JONES, 2003; MACGREGOR *et al.*, 2001; ÖLLINGER *et al.*, 2013). Embora uma ou outra teoria possa descrever mais acuradamente o desempenho do indivíduo que busca a solução em função do problema que se apresenta, ao invés de entendê-las como teorias que competem entre si, elas podem estar explicando fases diferentes do processo de solução.

Como, conceitualmente, problemas solucionados por *insight* aparecem no contexto de ocorrência de um impasse, Ohlsson (1992) considera que três importantes questões precisam ser endereçadas: como o impasse surge; como o impasse é superado; e o que acontece após a superação do impasse. O modelo de MacGregor (2001) responde essas perguntas pelos resultados constatados com seus experimentos. Primeiro, o impasse é alcançado quando não existem mais movimentos que atendam satisfatoriamente o progresso. Segundo, o impasse é superado quando o fracasso sinaliza a busca de uma rota alternativa. Terceiro, é provável que a busca por alternativas seja restringida pela característica principal do problema. A teoria da mudança representacional explica que o impasse surge por causa de restrições autoimpostas ou pela incapacidade do sujeito de dividir o problema em porções adequadas, que ele pode ser superado pelo relaxamento das restrições e previsão de novas divisões e, quando o impasse é superado, ele obtém uma mudança representacional do problema e pode chegar ao *insight*. Ou seja, o indivíduo não chega à solução por causa de uma estratégia inicial que provavelmente é escolhida automaticamente em função de um pensamento dominante. É preciso que ocorra o resgate de recursos recônditos para a reformulação desta maneira de pensar que possibilite o uso de uma nova estratégia anteriormente inexistente para o indivíduo.

Outros fatores que influenciam no surgimento do *insight* são o humor, o controle da atenção e o controle cognitivo. O humor provavelmente modula a atenção e o controle cognitivo. No estado de ansiedade a atenção do indivíduo está excessivamente focada no centro do campo visual, diminuindo a informação periférica. O circuito anterior que conduz a atenção mantém o controle descendente sobre o processamento perceptivo para execução dos objetivos, e o circuito posterior está envolvido na captura da atenção ascendente por estímulos salientes. A ansiedade desloca a atenção para o sistema ascendente, conduzindo ao aumento da distração por estímulos irrelevantes. Ou seja, a ansiedade transfere a atenção para estímulos externos e tira a atenção das representações e dos estados internos. O humor positivo pode ter o efeito oposto, permitindo o alargamento da atenção, estimulando comportamento exploratório. Portanto humor positivo facilita o *insight*, bem como habilidades cognitivas conducentes ao *insight*, como os julgamentos baseados em informações subconscientes. Em contrapartida, a obtenção do *insight* gera bom humor, mostrando a estreita integração entre os processos cognitivos e afetivos. Controle cognitivo se refere à habilidade em manter ou em comutar entre diferentes pensamentos, ações ou objetivos. As duas formas predominantes de controle são: manter o foco na tarefa e evitar distrações; ou comutar a atenção entre tarefas e estar mais suscetível às distrações. O segundo modo é mais conducente ao *insight*, pois permite que o sistema capte informações não dominantes que sejam essenciais para a solução da questão.

Quadro 1: Modelo cognitivo do *insight*

Modelo Cognitivo
1. Questão.
2. Representação inicial: • Restrições autoimpostas. • Elementos dominantes.
3. Impasse.
4. Reestruturação: • Elementos não dominantes. • Processos não conscientes.
5. *Insight*.

Para Bowden (2005), a manifestação do *insight* acontece da seguinte forma: o processamento inicial do problema produz uma forte ativação da informação que não está relacionada à solução, e uma ativação fraca da informação que é crucial para a solução. O processamento que conduz à solução envolve a integração dos elementos do problema através de interpretações não dominantes para o indivíduo. Esta integração permite que conceitos fracamente ativados reforcem uns aos outros até emergirem na consciência. O solucionador deve mudar o foco do processamento da ativação inconsciente para a consciente e produzir a ação. Ou seja, o *insight* envolve vários processos trabalhando juntos que se desenrolam ao longo do tempo.

Quadro 2: Fatores que facilitam e fatores que inibem o *insight*

Fatores que facilitam	Fatores que inibem
✓ Pensamento abstrato	✗ Pensamento concreto
✓ Decomposição em porções	✗ Mecanização
✓ Conhecimento prévio (memória de longo prazo)	✗ Conhecimento prévio (memória de curto prazo)
✓ Humor positivo (controle descendente)	✗ Humor negativo (controle ascendente)
✓ Atenção difusa	✗ Atenção focada
✓ Pouco controle cognitivo	✗ Grande controle cognitivo
✓ Olhar para dentro	✗ Olhar para fora

2.2.2 Estudos neurofisiológicos do *insight*

O viés neurofisiológico de pesquisa do *insight* apresenta sua relevância em demonstrar a necessidade da ativação e funcionamento de áreas cerebrais para a ocorrência do fenômeno e, de modo inverso, o papel dessas atividades na facilitação do *insight*. Parece haver uma correspondência entre marcos neurofisiológicos e *insight*. Dentre outras inferências, esta correspondência sugere especulativamente que a estimulação de áreas e/ou circuitos encefálicos envolvidos no *insight* poderiam induzir ou modular esta experiência, colocando à prova algumas das hipóteses levantadas em estudos que exploram evidências correlacionais (DARSAUD *et al.*, 2011, WAGER *et al.*, 2014). Soluções creditadas a processos de *insight* parecem envolver áreas cerebrais distintas das utilizadas nas soluções por análise, reforçando a tese de que se trata de processos de natureza cognitivo-comportamental e neurobiológica distintas (DANEK *et al.*, 2014).

Embora os resultados apresentados pelas pesquisas sobre *insight* estejam diretamente associados com o tipo de problema e com o método utilizado, busca-se fazer uma varredura para extrair possíveis áreas cerebrais mais envolvidas com o fenômeno. Tratando-se inicialmente a lateralização hemisférica, existam trabalhos que enfatizam uma assimetria hemisférica, no entanto, parece que a lateralização predominante do hemisfério direito é controversa (DIETRICH; KANSO, 2010). O hemisfério direito seria responsável por uma codificação semântica grosseira, mas há indicação da ativação do hemisfério esquerdo durante períodos em que estaria ocorrendo esta codificação.

Evidências favoráveis à predominância do hemisfério direito durante os processos de solução via *insight* podem ser interpretadas pela consideração de que as informações relevantes para a solução do problema são ativadas inconscientemente antes da solução e a ativação ocorre de modo preponderante no hemisfério direito, estando ele relacionado à ativação de forma fraca de um campo semântico amplo incluindo características que estão distantemente relacionadas ao contexto. Esta ativação é útil para o reconhecimento e produção de soluções por *insight* (KOUNIOS; BEEMAN, 2009, BOWDEN *et al.*, 2005). O hemisfério esquerdo possui maior ativação durante a solução analítica ativando de forma forte um campo semântico pequeno, mais firmemente relacionado à interpretação dominante do contexto corrente.

A busca semântica que se realiza durante o processo de solução depende em parte dos elementos que estão disponíveis. Quanto menos específico é o significado do elemento, mais provável que ele se conecte a outros elementos e outros conceitos. Devido à configuração neuroanatômica o hemisfério direito está mais engajado em uma codificação semântica grosseira, e o esquerdo em uma mais refinada. A assimetria existente nas conexões neurais de cada hemisfério deve, portanto, influenciar o processamento de informação (KOUNIOS; BEEMAN, 2014).

Em relação às atividades lateralizadas do córtex pré-frontal ventromedial, o esquerdo parece estar envolvido na complexidade da tarefa e na integração de relações, e o direito no processamento de associações distantes, estes seriam aspectos importantes para a ocorrência do *insight*. O córtex pré-frontal ventromedial está intimamente relacionado com as funções metacognitivas, os valores internalizados e padrões sociais, além de atuar no surgimento de pensamentos espontâneos na abstração da informação e na avaliação. Ativação do córtex pré-frontal ventral direito parece estar mais relacionada à percepção, à avaliação e à metacognição do *insight* e não à solução propriamente dita. O córtex pré-frontal dorsolateral está envolvido no processamento da memória de trabalho, direcionamento da atenção, integração temporal e soluções dedutivas (AZIZ-ZADEH *et al.*, 2009).

O córtex pré-frontal lateral esquerdo faz a comparação ativa de estímulos da memória de trabalho. Assim pode estar relacionado à resolução de conflito que conduz à quebra da fixação mental, selecionando a alternativa mais adequada. Considera-se também a possibilidade de que o córtex pré-frontal lateral esquerdo aloca a atenção para os sistemas de processamento apropriados para obtenção do objetivo perseguido que se encontra disponível na memória de trabalho (LUO, 2014). Consistente com achados que afirmam que ele é responsável por estabelecer os conjuntos de atenção e realizar as comutações da atenção.

O córtex pré-frontal exerce controle descendente sobre outras regiões cerebrais em resposta à sinalização do córtex cingulado anterior da presença de conflito cognitivo. O processamento de computações integrativas que ocorre no córtex pré-frontal possibilita a reorganização de novas combinações da informação. Parece que o córtex pré-frontal pode estar atuando tanto na fase pré-consciente que antecede o *insight* quanto na fase posterior ao surgimento dele, quando faz todas as integrações necessárias para o uso da informação, incluindo as funções executivas de direcionamento e sustentação da atenção, recuperação de memórias relevantes, armazenamento e organização espaço-temporal da informação, previsão e adequação das consequências do uso da informação (DIETRICH; KANSO, 2010).

A ativação do córtex cingulado anterior aparece como consenso nos mais diversos estudos relacionados aos eventos de *insight* (DIETRICH; KANSO, 2010, AZIZ-ZADEH *et al.* 2009, KOUNIOS; BEEMAN, 2009, LUO, 2014, MAI *et al.* 2004). Esta região está diretamente associada à detecção de conflito cognitivo e à indução de processos que conduzem à superação da fixação mental que mantém o indivíduo apegado à solução errônea.

Enquanto o córtex cingulado anterior encontra-se diretamente relacionado à detecção de conflito, podendo ser considerado uma interface do controle cognitivo e emocional, o córtex pré-frontal lateral está relacionado à resolução de conflito pela sua relação com memória de trabalho, seleção semântica, e regulação da atenção, portanto, à escolha do conjunto cognitivo atuante. Quando o sujeito se torna familiar com a tarefa cognitiva e pode traçar uma estratégia que invoca um controle intencional *top-down* (descendente), o córtex cingulado anterior não é mais ativado.

Na ocorrência do *insight* há ativação bilateral da ínsula, que pode ser um indicativo de transferência inter-hemisférica aumentada. A ativação da ínsula direita está relacionada à ativação global do processo (representação de um processamento global pelo hemisfério direito), enquanto a ativação da ínsula esquerda se refere ao processamento serial. Na resolução por análise há apenas ativação da ínsula esquerda (AZIZ-ZADEH *et al.*, 2009).

Destaca-se como característica de solução por *insight* o disparo de ondas alfa (frequência de 10 Hz) imediatamente antes da resolução consciente do problema. Achados eletroencefalográficos indicam que as soluções através de *insight* estariam associadas com ondas de alta frequência (ondas gama de 40 Hz) cuja atividade se inicia cerca de 300 ms antes da expressão consciente que sinaliza a resolução do problema. Esta atividade foi detectada nos eletrodos localizados sobre o lobo temporal anterior direito, confirmada por ressonância magnética funcional indicando atividade cerebral no giro temporal superior anterior direito correspondente à localização dos eletrodos (KOUNIOS; BEEMAN, 2009). O efeito adicional aparente no EEG (eletroencefalograma) na solução do problema verbal através de *insight* consistia num disparo de ondas alfa (10 Hz) medido sobre o córtex occipital direito imediatamente antes do disparo das ondas gama no lobo temporal. A inibição do córtex occipital indicada pelo aparecimento de ondas alfa deve ter sido, segundo os autores, a alternativa usada pelo cérebro para não olhar para longe ou fechar os olhos durante a solução de um problema difícil, já que os participantes foram instruídos a fixar o olhar durante o experimento. Uma redução temporária de efeitos visuais perturbadores facilita o surgimento da solução de forma súbita.

Sheth (2008) apresenta uma proposta baseando-se no aparecimento das frequências beta e gama, onde o aumento de intensidade da frequência gama seria um correlato neural do *insight* subjetivo, mas não da reestruturação e dos processos transformativos que o precedem. Para ele o aparecimento de ondas gama no experimento de Kounios e Beeman poderia indicar o aspecto emotivo do *insight* e não o cognitivo. Para estabelecer o correlato referente ao processo cognitivo, este deveria estar acompanhado de um processo transformativo, associado a mudanças na intensidade da frequência beta. Portanto, a diminuição de intensidade da frequência beta na região parieto-occipital poderia estar relacionada a carregamento de memória, necessário para um pensamento transformativo. No surgimento do *insight* ele considera ainda o aumento de intensidade da frequência gama e maior envolvimento do hemisfério direito, que disponibilizaria um conjunto de alternativas e significados menos dominantes, gerador de soluções múltiplas, principalmente das regiões frontal e fronto-temporal. O córtex pré-frontal estaria envolvido em mudanças de processos de raciocínio.

Existem dois sentidos de fluxo de informações no córtex cerebral. As informações que vêm dos córtices sensoriais (trazendo informação dos estímulos externos) em direção à camada quatro dos córtices associativos compõe o fluxo ascendente (*feedforward* ou *bottom-up*) cuja característica é o disparo de ondas gama encontradas em atividades de concentração quando a atenção está voltada para fora de si, para o objeto. O fluxo de sinais que vêm do interior, como por exemplo da memória recente da experiência, em direção direta ou indireta aos córtices efetuadores constitui o fluxo descendente (*feedback* ou *top-down*) caracterizado pelo disparo de ondas beta, encontradas em eventos processuais.

Quadro 3: Modelo neurofisiológico do *insight*

Modelo Neurofisiológico
1. Maior ativação do hemisfério direito e ativação difusa do córtex visual.
2. Ativação do córtex cingulado anterior – detecção de conflito cognitivo.
3. Ativação do córtex pré-frontal por sinalização do córtex cingulado anterior – modulação da solução por *insight*.
4. Disparo de ondas alfa no córtex visual occipital.
5. Disparo de ondas gama no lobo temporal anterior direito 300ms antes do aperto do botão sinalizando a resposta consciente.

2.3 NEUROCIÊNCIA DA MEDITAÇÃO

Outra forma de se verificar aspectos de facilitação ou de inibição do processo de *insight* pelo viés referente ao objeto é a partir das práticas meditativas de monitoramento e concentração. Como este trabalho se propõe a utilizar uma metodologia autorreferente que complementa o estudo em questão que trata de uma técnica meditativa, torna-se relevante compará-la com outras técnicas. Ressalta-se assim que nem todas as técnicas meditativas são processos autorreferentes. Embora muitas delas envolvam técnicas de olhos fechados que conduzem a experiências de relaxamento, pode-se verificar através de resultados de EEG que muitas delas aumentam a incidência de ondas beta e gama, relativas à atenção sobre o objeto, e outras poucas aumentam a incidência de ondas alfa, relativas à atenção autorreferente.

As práticas meditativas estão inseridas em culturas e tradições diferentes. A neurociência oferece uma linguagem objetiva do funcionamento cerebral para comparar as diferentes técnicas. Os padrões cerebrais refletem os processos cognitivos utilizados em cada uma dessas práticas meditativas, o grau do controle cognitivo e o objeto da meditação. De uma forma ampla, meditação, conforme sua origem em tradições filosóficas orientais, pretende ser um veículo de reconexão do indivíduo com seu "centro". Por se tratar de técnicas que geram experiências específicas em seus praticantes, torna-se possível correlacionar sua prática com efeitos no cérebro e no comportamento, portanto, uma definição plausível seria a de "uma prática neural complexa que inclui transformações neurofisiológicas e neurobiológicas no cérebro resultando em alterações na neurocognição e no comportamento do praticante" (JASEJA, 2009). É importante observar, portanto, que existe uma estreita relação entre a fisiologia humana e a experiência que o indivíduo pode sofrer em função dela e que a meditação influencia tanto a fisiologia quanto a experiência e pode propiciar níveis de percepção diferenciados.

Podem ser consideradas três categorias de técnicas meditativas: concentração, monitoramento aberto e autotranscendência automática. As técnicas de concentração envolvem a fixação da atenção em algum objeto externo como, por exemplo, na luz de uma vela, o que aumenta a incidência de ondas gama. As técnicas de monitoramento são aquelas em que o indivíduo acompanha o fluxo da experiência, como a mudança das sensações corporais, o que aumenta a incidência de ondas teta. Portanto, estas duas categorias são processos referentes ao objeto. A terceira categoria, de autotranscendência automática, a qual a técnica da Meditação Transcendental pertence, permite que a mente seja conduzida para um local de maior bem-estar, transcendendo o intelecto e permitindo que a atenção repouse no ser. A prática de uma técnica desta categoria aumenta a incidência de ondas alfa, considerada a frequência presente nos processos autorreferentes.

2.3.1 Aspectos cognitivos da meditação

Mudanças afetivas, cognitivas e comportamentais permanecem aspectos relevantes como resultados de práticas meditativas. As diferentes técnicas promovem experiências diferentes e, portanto, trazem benefícios distintos. As técnicas meditativas que fazem uso do processo da atenção em algum objeto ou no conteúdo da experiência podem ser conceituadas como práticas de regulação da emoção e da atenção. No contexto em que a regulação da atenção consta como fator comum dos diferentes métodos, as práticas meditativas podem ser classificadas em duas categorias, atenção focada (ou concentração) e monitoramento aberto (MANNA *et al.*, 2010). Estas categorias estão relacionadas aos processos referentes ao objeto, já que a atenção está voltada para um conteúdo específico. Além das categorias de atenção focada, que requer atenção voluntária e sustentada em um objeto particular, e de monitoramento aberto, que envolve monitoramento não reativo do conteúdo da experiência (LUTZ *et al.*, 2008), sugere-se uma terceira categoria, a autotranscendência automática, que inclui técnicas para transcender sua própria atividade (TRAVIS; SHEAR, 2010).

Cada categoria de técnicas meditativas pode ser distinguida pelos seus processos cognitivos associados. O agrupamento das técnicas de meditação permite o entendimento destas três categorias em termos de controle cognitivo, fluxo de atenção, relação entre sujeito e objeto no conteúdo da experiência e a natureza dos diferentes procedimentos.

No estilo de concentração, a atenção está focada em um objeto de forma voluntária e sustentada, fazendo uso da capacidade do reconhecimento de distrações para recolocação da atenção no objeto em foco. O praticante controla o conteúdo daquilo que está no foco da atenção. Estas funções estão relacionadas aos processos cerebrais de monitoramento de conflito e de atenção seletiva e sustentada (MANNA *et al.*, 2010). O treinamento na meditação de concentração deve melhorar as habilidades de sustentação da atenção em um objeto particular e o controle do fluxo de itens trazidos à percepção. Um exemplo de prática meditativa inserida nesta categoria é a Meditação da Compaixão da tradição budista tibetana caracterizada pela "prontidão e disponibilidade irrestritas para ajudar outros seres vivos" (LUTZ *et al.*, 2008).

O estilo de monitoramento aberto envolve o monitoramento não reativo do conteúdo da experiência, buscando o reconhecimento dos padrões emocionais e cognitivos. *Mindfulness*, ou monitoramento aberto, pode ser definido como a percepção que emerge por prestar atenção voluntariamente no momento presente e sem julgamento para o desenrolamento da experiência momento a momento endereça os dois aspectos anteriores (MOORE; MALINOWSKI, 2009). Os aspectos da atenção que abrange se referem à habilidade de focar, sustentar a atenção e menor propensão às distrações.

O cultivo da percepção reflexiva pela meditação de monitoramento aberto encontra-se associado com o acesso consciente mais vívido às características de cada experiência. As práticas são baseadas num conjunto de dados de atenção caracterizado por uma abertura receptiva e uma percepção sem julgamento da experiência sensorial, cognitiva e afetiva no momento presente, e envolve uma metacognição do processo mental. Exemplos inseridos nesta categoria estão Vipassana e Zazen da Tradição Budista, Sahaja e Sahaj Samadhi da Tradição Védica e Qi-Cong da Tradição Chinesa (AFTANAS; GOLOCHEIKINE, 2001, MOORE; MALINOWSKI, 2008).

Parece ser possível construir um paralelo entre o que se verifica na prática das técnicas tipo *Mindfulness* e a Redução Fenomenológica de Husserl. Um elemento comum presente em nos métodos de investigação da experiência subjetiva é a distinção entre o conteúdo de um ato mental, processo referente ao objeto, e o processo através do qual esse conteúdo aparece, processo referente ao sujeito (mas não autorreferente). Para se perceber o estado interno e sua influência na visão de mundo externo, o sujeito precisa se tornar mais sensível ao que se passa em seu ambiente interior, voltando o olhar para ele, com foco na experiência subjetiva. O processo para a tomada de consciência (que é uma consciência processual) segundo a descrição fenomenológica de Husserl (1999) implica a atitude básica, que se divide em três fases formando um ciclo dinâmico. A fase inicial de suspensão implica um ato volitivo de fazer uma pausa nos pensamentos habituais. Desde essa fase inicial, o objetivo consiste em adotar uma atitude descritiva aberta e imparcial. Ou seja, considera-se aqui que o sujeito esteja predisposto a passar por um processo que, em si, pode ser novo para ele, e sua atitude deve ser a de perceber e descrever este processo com aceitação e sem julgamento. A segunda fase consiste em redirecionar da imersão habitual no objeto para o processo da experiência que está sendo vivida, com o intuito de intensificar a autoconsciência da experiência através da atitude de atenção pura (sem julgamento) ao processo da experiência. A atenção pura, sem explicação do que está acontecendo, requer aceitação, uma atitude de abertura receptiva. Essa última fase, a abertura receptiva, consiste em considerar que uma nova experiência pode surgir ao se observar a experiência original, e o sujeito deve estar receptivo a ela. Como muitos aspectos da experiência não são percebidos imediatamente, necessitando de várias instâncias para emergir, o treinamento em todas as três fases torna-se fundamental para validar as categorias fenomenológicas e as invariáveis estruturais.

As três fases da atitude básica são conhecidas na fenomenologia como redução fenomenológica, constituindo-se numa metodologia para o estudo da consciência. Segundo Husserl toda vez que se realiza uma redução fenomenológica surge como complemento uma evidência intuitiva, ou *insight*, e seu entendimento correspondente.

Como a ênfase da Fenomenologia está na análise teórica, ou seja, na proposta de um processo reflexivo que considere explicar a consciência como a redução dos objetos ao fenômeno que gera a experiência dos objetos, surgem algumas lacunas de ordem empírica, que consiste na validação da percepção desses objetos com a experiência vivida. Assim, por se tratar de uma descrição teórica, não há como garantir a emergência de uma nova descoberta, do *insight*, como resultado natural das fases da redução fenomenológica. No entanto, os resultados observados nas práticas meditativas de monitoramento aberto parecem possuir semelhanças com as fases da redução fenomenológica, e evidenciam que o procedimento tem como objetivo a observação da experiência, ou o processo de observação.

Praticantes de técnicas meditativas tipo *Mindfulness* descrevem a experiência como algo que envolve uma percepção não conceitual, que não se prende a ideias, mas observa as coisas como se fosse pela primeira vez (OSTAFIN; KASSMAN, 2012); Esta descrição se relaciona com a habilidade de limitar conteúdos ativados automaticamente vindos de experiência prévia que pode gerar pensamentos e comportamentos tendenciosos.

Tabela 1: Modelo cognitivo da meditação

Categorias de Meditação	Concentração	Monitoramento Aberto	Meditação Transcendental
Características Cognitivas			
Controle Cognitivo	Grande	Médio	Ausente
Fluxo de Atenção	Externo	Intermediário	Interno
Foco da Atenção	Sustentado	Momento Presente	Espontâneo
Relação Sujeito-Objeto	Separado	Processo	Integrado
Procedimento	Foco no Objeto	Monitoramento dos Processos	Transcendência da Atividade

A categoria da autotranscendência automática considera a transcendência dos procedimentos da meditação. Procedimentos de autotranscendência devem envolver controle cognitivo mínimo, ou seja, ser automáticos ou sem esforço, pois o controle cognitivo aumenta a atividade mental. O exemplo de prática meditativa para esta categoria inclui a Meditação Transcendental da Tradição Védica (TRAVIS; SHEAR, 2010). Foi constatada maior ativação do *Default Mode Network* (DMN) durante a prática da MT que sugere que a experiência ganha durante esta meditação deve ser de grande redução de carga cognitiva e aumento de senso de si próprio. Este estado meditativo pode ser um estado fundamental ou básico do funcionamento cerebral subjacente ao descanso com olhos fechados e aos processos cognitivos mais focados.

Transcendência foi caracterizada subjetivamente pela ausência de tempo, espaço e sensação corporal, e objetivamente pelo ritmo respiratório significativamente diminuído, amplitude da arritmia sinusal respiratória aumentada, intensidade alfa global aumentada e maior coerência alfa frontal.

Numa primeira instância a Meditação Transcendental pode ser descrita superficialmente como o pensamento ou a repetição de um mantra, uma palavra sem significado, e retornar a ele quando for esquecido. Esta descrição parece ser semelhante à das técnicas inseridas na categoria de concentração ou atenção focada. Uma análise mais profunda, no entanto, revela que a MT é uma técnica para transcender seu próprio procedimento, ou seja, o mantra vai se tornando cada vez mais refinado, e percebê-lo se torna cada vez mais secundário até que ele finalmente desaparece, e a autopercepção se torna primária. Enquanto as técnicas de concentração exigem atenção voluntária sustentada, a MT envolve o movimento automático da atenção para o silêncio mental. Durante a prática da MT a relação sujeito-objeto que define as experiências é transcendida. Na concentração o objeto da experiência é sustentado na percepção, o sujeito e o objeto coexistem, eles são independentes, mas interagem. Na MT o objeto da experiência desaparece. Quando o mantra desaparece, o sujeito da experiência "se torna desperto para sua própria existência" (MAHARISHI, 1969).

Como um dos fatores relevantes de diferentes técnicas meditativas concerne ao grau de controle cognitivo empenhado durante a técnica, convém comentar a distinção entre automático e controlado. A resposta automática não requer atenção às etapas do processo, ou seja, o desempenho não é afetado pelo aumento da carga da tarefa, portanto, considera-se que ela seja realizada sem esforço.

As técnicas da categoria de atenção focada se tornam automáticas após longo tempo de prática. Esta observação ainda deve ser comprovada por mais estudos pela verificação de coerência frontal de ondas alfa no EEG. Já a técnica da MT é automática desde o início. A transcendência automática ocorre devido ao uso da "tendência natural da mente" em transcender a percepção do mantra. O automatismo é verificado na prática da MT pela falta da dicotomia iniciante-praticante de longo prazo. Mudanças progressivas nos padrões do EEG vistas durante a atividade após a meditação refletem neuroplasticidade relacionada à experiência integrando a experiência da meditação com a atividade diária.

As técnicas da categoria de concentração são as que exigem maior controle cognitivo, pois o foco da atenção no objeto deve ser voluntário e sustentado. Comparadas a elas, as técnicas da categoria de monitoramento aberto exigem menor controle, embora ainda demandem um grau de esforço, pois a atenção deve retornar ao momento presente quando a mente começa a divagar. Apenas as técnicas da categoria de autotranscendência automática não exigem esforço cognitivo e permitem que a mente, naturalmente, transcenda a atividade da prática.

Quanto ao aspecto de direcionamento da atenção, a concentração mantém a atenção em um objeto externo, a categoria de monitoramento nos processos que estão ocorrendo durante a meditação, e a MT volta a atenção internamente, ou seja, uma atenção autorreferente.

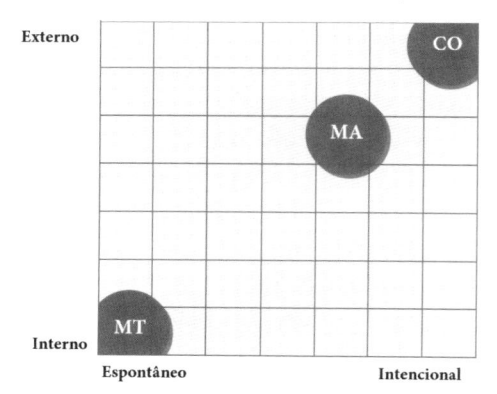

Figura 1: Controle Cognitivo X Orientação da Atenção

Legenda: MT = Meditação Transcendental / MA = Monitoramento Aberto / CO = Concentração

2.3.2 Estudos neurofisiológicos da meditação

Os padrões do EEG associados aos grupos de técnicas meditativas referenciam os diferentes procedimentos de cada uma delas, que envolvem diferenças nos processos cognitivos, no fluxo e alcance da atenção, na relação sujeito-objeto e no conteúdo da experiência. Como processos cognitivos diferentes podem ser associados com faixas de frequência distintas, cada categoria pode estar associada a frequências cerebrais características. Por se relacionarem de modo distinto com os diferentes aspectos cognitivos, supõe-se que as técnicas de cada categoria devam estar relacionadas com diferentes áreas cerebrais, ou com diferentes formas de ativação das mesmas áreas cerebrais.

Nas técnicas de concentração, verifica-se um aumento de fluxo sanguíneo nas regiões do córtex pré-frontal e tálamo, e diminuição do fluxo na região posterior do cérebro (lobo parietal inferior), sendo que o fluxo *top-down* (descendente) está mais ativado em comparação ao fluxo *bottom-up* (ascendente) que está mais presente nas técnicas de monitoramento. Não obstante a ativação do córtex pré-frontal, praticantes de técnicas de concentração experimentam um estado de ausência de Eu (*selfless*) (AUSTIN, 2013). A ativação do córtex pré-frontal durante técnicas de concentração está associada com a realização de tarefas voluntárias e com foco de atenção sustentado. Ocorre também a ativação do giro cingulado anterior relacionado ao foco de atenção (WANG et al., 2011). Os lobos parietais estão associados com processamento espacial e interagem com o córtex pré-frontal durante este processamento. Poder-se-ia inferir que a ativação do córtex pré-frontal associado com a sensação subjetiva de ausência de Eu e a desativação dos lobos parietais nas técnicas de concentração indiquem um distanciamento na relação sujeito-objeto, onde o sujeito é anulado e o objeto é priorizado independente de sua relação com o todo.

Durante as práticas meditativas de concentração foram encontradas atividades cerebrais de frequência gama (30-50 Hz) e beta 2 (20-30 Hz), que podem ser detectadas quando o indivíduo cria uma vívida emoção interior, foco sustentado em uma área do corpo, ou quando cria uma forte imagem visual e monitora rigidamente o desvio da atenção daquele objeto (TRAVIS; SHEAR, 2010).

Para as técnicas da categoria de monitoramento aberto, há ativação do córtex pré-frontal, giro cingulado anterior e regiões límbicas, particularmente amígdala, hipocampo e ínsula, e desativação do lobo parietal superior. A redução de fluxo no lobo parietal esquerdo parece estar associada à sensação subjetiva de maior conexão interna relatada pelos praticantes (WANG *et al.*, 2011). Verificou-se também uma correlação negativa entre ativação do córtex pré-frontal medial e giro cingulado anterior *versus* intensidade da meditação, ou seja, maior intensidade da sensação subjetiva de conexão apresenta-se associada com ativação diminuída do córtex pré-frontal medial e giro cingulado anterior.

O aumento de atividade no giro cingulado deve estar relacionado à manutenção do estado meditativo causado pelo monitoramento aberto, sensação de relaxamento e conexão com sensações internas, reduzindo o conflito com outros estados. Como o giro cingulado está associado ao controle cognitivo e à detecção de conflito, sua ativação pode implicar a maior facilidade de mudar o foco inicial da atenção de um conjunto inicial para outro. A ativação da ínsula pode estar relacionada aos substratos neurais relacionados à introspecção, indicando que praticantes desta modalidade têm sensibilidade às mudanças perceptivas, regulação dos estados emocionais e mudança do foco de atenção para a tarefa sendo realizada (DING *et al.*, 2014).

Durante práticas meditativas de monitoramento aberto, encontra-se atividade cerebral de frequência teta (4-8 Hz). Teta frontal medial é um marco natural de monitoramento de processos internos. Aparece durante tarefas que requerem autocontrole, ritmo interior e determinação de recompensa (TRAVIS; SHEAR, 2010).

Durante a prática da Meditação Transcendental, pertencente à categoria de autotranscendência automática, verifica-se aumento do fluxo sanguíneo no córtex pré-frontal e lobos parietais e desativação do tálamo. Outra característica desta prática é a ativação do DMN (*Default Mode Network*). DMN pode ser entendido como um estado cerebral padrão intrínseco que possui menor ativação durante atividades orientadas à tarefa que requerem controle executivo e maior ativação durante períodos de menor exigência cognitiva, como repouso de olhos fechados (RAICHLE, 2001) e em tarefas mentais autorreferentes e que demandam autoprojeção. As áreas cerebrais que compõem o DMN incluem o córtex pré-frontal medial, o córtex cingulado posterior, precuneus e lobo parietal inferior.

Tabela 2: Ativação das áreas cerebrais e frequências nas categorias de meditação

Categorias de Meditação	Concentração	Monitoramento	Meditação
Características Neurofisiológicas		Aberto	Transcendental
Córtex pré-frontal	Ativa	Ativa	Ativa
Giro cingulado anterior	Ativa	Ativa	Desativa
Regiões límbicas	Desativa	Ativa	Desativa
Lobo Parietal	Desativa	Desativa	Ativa
DMN	Desativa	Desativa	Ativa
Tálamo	Ativa	Ativa	Desativa
Frequência	Gama (30-50 Hz), Beta 2 (20-30 Hz)	Teta (4-8 Hz), Beta 1 (12-20 Hz)	Alfa 1 (8 – 10 Hz)

O espectro de frequência relacionado ao estado de transcendência, ou autorreferência consiste das ondas Alfa 1 (8-10 Hz) (TRAVIS; SHEAR, 2010). Técnicas das três categorias de meditação apresentam ativação do córtex pré-frontal, mas a forma de ativação parece ser diferenciada, já que em cada uma delas a faixa de frequência cerebral é distinta. Na técnica de concentração, cujas características se referem a maior controle cognitivo, atenção focada e sustentada de forma voluntária e sensação subjetiva de ausência de Eu, apresentam-se as frequências gama e beta 2, que são frequências características de tarefas voltadas para o objeto. As técnicas de monitoramento estão associadas à comutação da atenção e à percepção do processo interno que se desenrola durante a prática, onde o sujeito está presente mas encontra-se separado do objeto que observa, as frequências relacionadas são teta e beta 1, características de atividades de processamento. A Meditação Transcendental que traz o alerta em repouso, caracterizado pelas ondas alfa 1 e pela desativação do tálamo que traz o relaxamento corporal profundo. A atenção é autorreferente e o sujeito se funde com o objeto. A ativação do tálamo nas categorias de concentração e monitoramento indica que os praticantes continuam recebendo estímulos do ambiente, enquanto sua desativação durante a Meditação Transcendental sugere que há uma diminuição da percepção dos estímulos externos, portanto, o praticante experimenta ausência de sensações corporais com uma sensação subjetiva de relaxamento e repouso profundo.

2.4 A MANIFESTAÇÃO DO *INSIGHT*

O entendimento de uma função mental tão complexa quanto o *insight* e de seus estágios não pode ser restringido por modelos isolados. A proposta de apresentar as perspectivas cognitiva e neurofisiológica e correlacioná-las com técnicas mentais, ou seja, com as práticas meditativas, consiste em revelar os três aspectos necessários ao conhecimento total do fenômeno, a manifestação do *insight*, a origem do *insight*, e o processo do *insight*.

Neste momento os aspectos sendo estudados estão predominantemente votados para o estágio de manifestação do *insight*, pois, apesar de se inferir que seu surgimento se dê no nível dos processos inconscientes, parece que ainda não estão bem conhecidos os processamentos de informações não dominantes e das dominantes, bem como do estágio integrativo e do estágio de mudança inconsciente para consciente. Inicialmente a ativação forte de elementos dominantes é um indicativo de que o sinal mais amplificado não fornece a informação desejada, enquanto a ativação fraca de elementos não dominantes comunica que a informação que poderia levar à solução está sendo codificada como ruído. Quando o ruído se destaca, ele pode ser entendido pelo sistema como informação relevante que pode ser utilizada nos processamentos subsequentes. Os ruídos podem ser ondas de mesma frequência e menor intensidade que os sinais dominantes ou de frequência diferente.

A apresentação de um problema ativa uma série de associações na memória de trabalho do indivíduo. As associações dominantes são fortemente ativadas, enquanto as não dominantes são fracamente ativadas. Estas associações competem por recursos para processamento. Em condições normais as dominantes vencem. Entretanto os mecanismos descendentes (*top-down*) podem influenciar o resultado da competição em favor das associações fracas, selecionando ativamente as associações fracas ao expandir o alcance da atenção para abranger as representações não dominantes, ou simplesmente não suprimindo as associações mais fracas. Processamento ascendente (*bottom-up*) pode influenciar a ativação de associações mais fracas no sentido em que, quando se apresenta uma dica (estímulo externo) relevante para a solução, ela pode ativar a associação não dominante.

Os achados sobre ativação de regiões cerebrais indicam que, embora os correlatos neurais não possam ser considerados a causa da emergência do *insight*, eles permitem uma inferência sobre o processamento cognitivo e afetivo do evento em questão. No processo prévio ao surgimento do *insight*, o sujeito se vê diante de uma situação de inacessibilidade aos elementos que o conduziriam à compreensão profunda da situação, ou perante um conflito cognitivo em que a estratégia de ação predominante não conduz à solução, enquanto a não dominante poderia fornecer os elementos adequados para a solução. Ou seja, grande parte do processamento está no nível inconsciente ou pré-consciente, e estas informações precisam ser resgatadas e operacionalizadas de forma que se integrem ao processamento consciente para serem expressas. A resolução do conflito cognitivo está acompanhada de forte reação emocional através da interface do córtex cingulado anterior, que também faz parte do sistema límbico. A forma de resgate dessas informações pode estar relacionada à configuração neural apresentada pelo indivíduo, que se manifesta pelo estilo cognitivo adotado que pode representar uma variação do uso do foco de atenção. Indivíduos que fixam a atenção em determinado aspecto apresentam maior fixidez mental, inibidora da emergência de novas possibilidades, enquanto indivíduos que conseguem comutar a atenção podem apresentar características de facilitação para comportamento de solução via *insight*. Ou seja, o sistema precisa tanto de uma maleabilidade para buscar e encontrar elementos adequados para a solução quanto uma intencionalidade para integração deles. A reestruturação da questão é essencial para sua resolução e compreensão. Provavelmente solução por *insight* usa as mesmas áreas para solução de problemas com a adição de outras áreas específicas: a utilização dos dois hemisférios para o processamento de tarefas específicas pode ser um componente importante para solução por *insight*. Ativação do córtex pré-frontal direito e do córtex cingulado anterior devem ser importantes para os componentes metacognitivos do *insight*, incluindo atenção e monitoramento da solução. Uma vez detectado o conflito pelo córtex cingulado anterior, resolvido pelo córtex pré-frontal lateral, o córtex pré-frontal assume o controle intencional descendente possibilitando o processamento da informação relevante que irá emergir como *insight* no local correspondente ao tipo de informação. Para se detectar o conflito é preciso comparar os elementos não dominantes com os dominantes. O acesso aos elementos não dominantes deve ser não consciente, sendo preciso alguma estratégia para tornar esta informação visível ao sistema. É preciso ajustar o conflito entre o modelo cognitivo antigo e o novo no momento do *insight*. O modo cognitivo antigo é automático e interfere intensamente com o processo do novo modo cognitivo que é efetivo no momento em que o *insight* surge. A intensa interferência se manifesta pela ativação do córtex cingulado anterior, estando ele engajado na detecção de soluções subconscientes fracamente ativadas.

O modelo cognitivo assume que todo pensamento envolve processos complementares dos hemisférios direito e esquerdo. O hemisfério esquerdo ativa fortemente um pequeno campo semântico de informação, enquanto o hemisfério direito mantém uma ativação difusa de associações distantes propensas à obtenção da solução por *insight*. É mais provável que a solução ocorra no hemisfério direito através de uma ativação fraca que pode ser obscurecida pela ativação mais forte, no entanto, mal orientada, do hemisfério esquerdo.

Parece razoável considerar que, estando o hemisfério direito associado aos comportamentos e julgamentos associativos e integrativos evidenciados nos processos criativos, ele esteja envolvido no aspecto criativo inerente ao *insight* que se relaciona com a busca e com a ressignificação de novos elementos que possam compor uma solução efetiva. A integração inter-hemisférica, que pode ser conferida pela coerência entre as ondas cerebrais detectadas em cada hemisfério, também deve ocorrer para a manifestação encadeada da ação. Vários estudos apontam, no entanto, para padrões de ativação bilateral nos eventos correspondentes ao *insight*, sugestivo de que a dominância hemisférica direita pode estar associada ao tipo de problema sendo resolvido, particularmente aqueles que precisam de uma codificação semântica, mas não ocorre nas soluções para todos os tipos de problema.

Para uma discussão sobre as bases neurais do *insight*, um dos possíveis direcionamentos seria buscar compreender o relacionamento das áreas cerebrais responsáveis pelo processo do *insight* com as funções cognitivas que estão envolvidas na construção de um modelo explicativo do fenômeno. Dadas as divergências existentes nas pesquisas apresentadas, os modelos oferecidos parecem ser ainda especulativos, no entanto, oferecem explicações dentro do janelamento feito para o estudo da questão. O mapeamento das áreas cerebrais e as buscas por padrões de ativação encefálicos parecem estar, em grande parte, fundamentados na expectativa do paradigma científico vigente ao definir o objeto de estudo. Dentre as discussões, nem mesmo a definição de *insight* parece ser unânime entre os pesquisadores. Existe a busca por confirmações de diferentes definições e a busca por confirmações dos diversos aspectos embutidos na definição.

Os métodos neurocientíficos buscam uma objetivação do estado subjetivo que marca o *insight*. A abordagem científica utilizada pode não oferecer uma explicação clara da identificação de causas primordiais, mas parece apontar para os processos cerebrais fortemente correlacionados com a experiência do *insight*. A atividade neural subjacente ao *insight* não deve ser, portanto, necessariamente a causa da ocorrência do fenômeno, mas um correlato que possa indicar quais são os substratos neurais ativados durante o fenômeno. É importante considerar que o acesso aos qualificadores do estado mental vivenciados em primeira pessoa se dá noutro espaço dimensional, objetivável, ficando em aberto a questão sobre o grau com que os covariantes neurais estariam refletindo ou justificando os qualificadores da experiência vivenciados subjetivamente.

Em geral, os experimentos neurocientíficos que endereçam o *insight* baseiam-se na premissa de que este se distingue da solução de problemas pela análise. Parece ser uma hipótese a ser levada em consideração a de que experimentos científicos podem distinguir-se significativamente quanto ao aspecto do processo de *insight* abordado, dificultando a busca por mecanismos gerais e previsões eficazes. Dada a complexidade das funções mentais superiores, que incluem o *insight*, que combinam processos cognitivos e subjetivos, evidências neurofisiológicas, a despeito de constituir importantes pistas para a construção de modelos explicativos, podem revelar-se desafiantes quando se tenta, a partir destas, identificar marcos de equivalência – ou melhor, os substratos neurais – dos trânsitos subjetivos referidos a partir de outros campos de conhecimento.

Através das informações angariadas pelas pesquisas, busca-se fazer algumas inferências utilizando-se os modelos cognitivos e neurofisiológicos a respeito da manifestação do *insight*. O córtex pré-frontal aparece como mediador de diversos processamentos fundamentais para o *insight*, que deve se manifestar, no entanto, em alguma outra área cortical, que deve depender do elemento a ser expresso, como no giro temporal superior em problemas de associações de palavras. É provável que a área ativada esteja correlacionada ao tipo de problema que foi apresentado, tratando-se neste caso de associações de palavras, que sugere a necessidade de integração semântica e de léxico.

Estratégias alternativas provenientes das informações da memória de longo prazo ficariam bloqueadas para processamento pela memória de trabalho durante a fase de impasse do processo de *insight*. A interpretação neste caso é de que a atenção executaria controle descendente das informações que são mais relevantes, selecionando aquelas que ocupariam o espaço limitado da memória de trabalho. Atenção fixada e atenção seletiva parecem exercer papel importante no impasse. Parece ser possível que técnicas que facilitem a comutação da atenção, mas também permitam aferência externa, devem favorecer a manifestação *insight*. A quebra do impasse ocorre pela resolução do conflito cognitivo quando a escolha de uma nova estratégia conduz à solução correta. Enquanto as técnicas que amortizem a aferência sensorial e agucem a percepção intuitiva devem favorecer o *insight*, já que a resposta é encontrada quando o olhar está voltado para dentro.

Um possível encadeamento dos eventos que culminam com um *insight* pode ser descrito assim: as ondas alfa no córtex sensorial visual podem estar relacionadas à expectativa de processamentos *top-down* vindouros. No momento do disparo das ondas alfa, é provável que o conflito já tenha sido resolvido e o sistema aguarde o controle descendente (ondas beta) do córtex pré-frontal sobre as áreas corticais onde a informação relevante inconsciente é recuperada e emerge como *insight* pelo disparo de ondas gama.

A inibição visual, caracterizada pelas ondas alfa no córtex occipital, sugere uma diminuição da atenção voltada para o objeto e um aumento de atenção voltada para dentro. O disparo de ondas gama cria silêncio em torno da informação que deve ser transmitida e consiste em um mecanismo para interligar a informação no momento em que ela surge na consciência. O disparo de ondas alfa antes do disparo de ondas gama indica uma redução de ruído das entradas que causam distração para facilitar a recuperação de soluções fracamente ativadas e inconscientes representadas no lobo temporal. Embora o *insight* tenha um surgimento consciente abrupto, ele é precedido por processamento inconsciente substancial.

A proposição de que áreas específicas ou processamentos específicos entre áreas sejam correlatos implicados na ocorrência do *insight* pode conduzir à proposta do uso de metodologias adequadas, tais como as técnicas meditativas, deflagradoras ou facilitadoras do *insight*.

Enfim, conforme os modelos apresentados, pode-se fazer correspondências entre os aspectos cognitivos e os neurofisiológicos do *insight*, e destas com os aspectos de cada categoria de técnicas meditativas e assim inferir se estas práticas contribuem ou não para o *insight* e de que forma.

As características das técnicas de concentração sugerem que elas não devem facilitar o *insight* em nenhum de seus estágios. O foco de atenção em um objeto externo, a atenção sustentada e voluntária, o controle cognitivo aumentado, a sensação subjetiva de ausência de Eu (atenção voltada para fora e não para o sujeito) são fatores listados como inibidores do *insight*. Embora o córtex pré-frontal e o córtex cingulado anterior sejam ativados durante a prática e estas regiões estão envolvidas no processo do *insight*, eles estão atuando de formas diferentes em cada situação. Durante a prática da técnica de concentração, o córtex cingulado anterior detecta os conflitos entre a atenção direcionada ao objeto, que é o foco da atividade, e as distrações que podem aparecer para que elas sejam sobrepujadas. Para o *insight* as distrações podem sugerir o caminho mais indicado de solução que antes estava sendo obliterado pela solução dominante. O conflito que estaria sendo monitorado neste caso seria o de comparar a solução fracamente ativa como sendo a correta com a solução antiga que estava predominando, mas era incorreta. A modulação da solução por *insight* devido à variação de ativação do cingulado anterior deve ser mediada por sinalização do córtex pré-frontal que limita o âmbito de possibilidades que a pessoa considera ao trabalhar na solução do problema. Esta função limitadora por um lado auxilia o foco em um número menor de estratégias, por outro, pode ser um empecilho caso a solução exija uma estratégia pouco óbvia. Portanto o córtex pré-frontal estaria sendo modulado de formas distintas, uma para desconsiderar as distrações, outra para considerá-las como importantes. Por fim, a frequência gama, aparente nas técnicas de concentração, responsável por reconhecimento do objeto e construção do conteúdo da experiência, aparecem no fenômeno do *insight* após o surgimento da solução, no momento em que esta possa ser efetivamente utilizada. Existe a possibilidade de que o treino em técnicas de concentração conduza o indivíduo a permanecer preso numa representação inicial restrita do problema sem conseguir reestruturá-lo pelo impedimento de resgate de elementos não dominantes, que seriam considerados distrações. Talvez seja plausível inferir que a prática de técnicas de concentração auxilie a solução de problemas através de análise, nos quais existe a necessidade de colocar a atenção numa linha de raciocínio determinada.

As técnicas de monitoramento aberto parecem influenciar positivamente o estágio de manifestação do *insight*, mas não devem facilitar a ocorrência do *insight* em si. Estas técnicas apresentam como características semelhantes ao do processo de manifestação do *insight* o controle cognitivo de comutação da atenção, envolvida na captura de elementos não dominantes, a atenção difusa, a atitude receptiva e de não julgamento aos elementos que aparecerem na mente, e o olhar para os processos internos. No entanto, embora o olhar seja direcionado internamente, ele não permite a conexão com os processos inconscientes de onde se origina o *insight*. Além disso, a atenção voltada para o momento presente dificulta o acesso à memória de longo prazo, onde elementos de conhecimento prévio poderiam ser úteis à solução via *insight*, contrapondo-se à predição da teoria de progresso monitorado que considera que, quando o indivíduo percebe antecipadamente que a estratégia escolhida não conduzirá a solução correta, ele busca mais rapidamente uma nova estratégia que proporciona o *insight*. A antecipação da falha, ou o olhar à distância, gera uma facilitação da construção do pensamento abstrato que é promotor do *insight* e pode ser mediado pelo córtex pré-frontal ventromedial direito. Portanto estas técnicas parecem ser úteis no monitoramento de novas soluções, mas não no acesso dos elementos inconscientes nem em autoprospecções futuras imprescindíveis para a emergência do *insight*.

Por outro lado, como a prática das técnicas de monitoramento permite a comutação da atenção para a percepção do pensamento no momento presente, a reavaliação do pensamento auxilia a reestruturação da representação do problema. A atenção cuidadosamente cultivada de forma não reativa previne o indivíduo de criar uma fixação geradora do impasse mental (DING *et al.*, 2014).

Encontra-se atividade teta frontal medial nestas meditações que envolvam monitoramento da experiência sem grandes níveis de controle ou manipulação do conteúdo da experiência. A frequência teta é característica de processamentos internos, como, por exemplo, durante tarefas de memória de trabalho. Embora ela não tenha sido descrita no modelo neurofisiológico do *insight*, hipoteticamente ela poderia estar presente nas modulações do córtex pré-frontal pelo córtex cingulado anterior na detecção de distrações que possam ser soluções relevantes ao problema.

Além do aumento da regulação da atenção proporcionado pela prática das técnicas de monitoramento aberto, observa-se também o aumento da regulação emocional, que deve estar relacionado à ativação das regiões límbicas e da ínsula, estando ela ativa nos problemas onde ocorre *insight* em sua relação com uma visão global do processo. Portanto, as técnicas de monitoramento não devem influenciar o *insight* em si, mas devem auxiliar o encadeamento, o processamento e a manifestação mais clara da solução obtida por *insight*.

Tanto as técnicas de concentração quanto as de monitoramento correspondem a uma atividade horizontal da mente, isto quer dizer que não há alteração do estado de excitação da mente enquanto a atenção permanece voltada para seu objeto de foco. Já na Meditação Transcendental a mente parte de um estado de maior excitação e gradativamente vai para estados de menor excitação, o que corresponde a uma atividade vertical da mente.

A técnica da categoria de autotranscendência automática, cujo representante é a Meditação Transcendental, se relaciona particularmente à origem do *insight* pelas suas características de menor controle cognitivo e atenção voltada para o sujeito da experiência, já que o *insight* surge de forma espontânea e de uma fonte interna ao indivíduo. Ao transcender a própria atividade durante a prática da meditação, pode-se considerar que o indivíduo esteja acessando a fonte dos processos inconscientes. As ondas alfa, presentes em atividades de autorreferência, também ocorrem imediatamente antes da manifestação do *insight*. O DMN parece estar relacionado com a origem do fenômeno e encontra-se ativado durante o estado de transcendência, assunto que será discutido em pormenores no capítulo a seguir.

Figura 2: Relação das categorias de meditação com a manifestação do *insight*

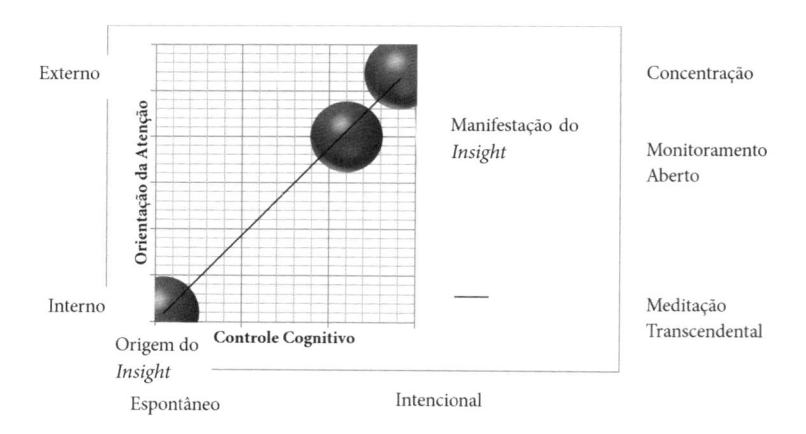

3. Processos autorreferentes

> ... *our normal waking consciousness, rational consciousness as we call it, is but one special type of consciousness, whilst all about it, parted from it by the filmiest of screens, there lie potential forms of consciousness entirely different.* (JAMES, Varieties of Religious Experiences, 1961, p. 305).

Processos autorreferentes são aqueles em que a atenção está voltada para dentro do sujeito, na direção da fonte de onde se origina o pensamento. Um facilitador deste processo são as técnicas de autotranscendência automática. Portanto, aqui se aborda as características de um processo autorreferente, sua relação com a consciência pura, que se identifica com o estado fundamental da consciência, os quatro níveis de consciência, sono, sonho, vigília e transcendência e suas características fisiológicas, em particular a relação de cada um deles com as ondas cerebrais, a técnica da Meditação Transcendental, que permite a imersão do indivíduo na fonte do pensamento, de onde surge o conhecimento autorreferente e sua relação com um campo de informações, que é o próprio campo de consciência. O modelo de campo de consciência é explicado através de experimentos, cujos resultados precisam considerar a existência de um campo através do qual os efeitos sejam propagados. Quando o indivíduo desenvolve uma atenção voltada para a fonte, o cérebro se reconecta e permite o fluxo natural da vida. Este capítulo está voltado para o entendimento do observador dentro do processo de conhecimento. O observador na consciência individual é aquele que sofre a experiência, o pano de fundo a partir de onde todo pensamento e toda ação se inicia. No estado fundamental da consciência, encontram-se os três aspectos do processo de conhecimento, observador, observação e observado, mas nele o observador não é eclipsado pelo observado, como pode ocorrer nos estados de consciência relativa, como a vigília. Observa-se assim o surgimento do *insight* deste estado, sendo possível sua correlação com parâmetros neurofisiológicos.

3.1 A QUALIDADE AUTORREFERENTE DA CONSCIÊNCIA

3.1.1 A consciência como elemento fundamental da natureza

O entendimento de consciência está diretamente relacionado ao paradigma em que o sujeito se insere. Usualmente define-se consciência como a percepção de algo, pois se tem verificado que a abordagem da Ciência Moderna está voltada para o conhecimento do objeto de estudo, ou seja, uma abordagem referente ao objeto, desconsiderando o observador e o processo de observação que une os dois aspectos. Sendo assim, normalmente se considera que alguém esteja consciente apenas no estado de vigília, quando a consciência deve ser entendida como a percepção de um objeto, e esta perspectiva está diretamente relacionada à experiência consciente. O cérebro é fundamental para a existência da experiência consciente.

Tem sido verificado que o cérebro se modifica conforme o processo de experiência vivido pelo indivíduo. A estrutura cerebral determina o modo de percepção que o indivíduo tem do ambiente, enquanto esta forma de ver o mundo, matizada pelas percepções, determina o tipo de experiência que o indivíduo pode ter. Ou seja, a experiência modifica o cérebro, mas o estado do cérebro permite a experiência. Toda vez que uma experiência passa pelo cérebro há uma modificação dos circuitos neurais. Quando uma mesma experiência é reforçada, ela causa impressões que permanecem no cérebro. Quando experiências novas são vividas, elas modificam os circuitos neurais permitindo novos matizes de percepção do ambiente. No entanto, se a experiência for totalmente estranha à possibilidade de captação pela estrutura de pensamento moldada pelo circuito físico do cérebro, ou o cérebro não reconhece a experiência e não se modifica, ou entra em modo de alarme podendo marcar impressões de estresse. Uma prática eficiente que pode alterar a estrutura circular – circuito (permite) experiência (modifica) circuito – sem gerar estresse é a técnica da Meditação Transcendental.

A técnica da Meditação Transcendental, uma forma milenar de prática, baseia-se na Ciência Védica, que, para além do paradigma materialista, considera a consciência como sendo primária à matéria, ou seja, a consciência cria o cérebro. O paradigma materialista propõe que o cérebro produza a consciência, que o funcionamento cerebral determine a qualidade das percepções, por isso duas pessoas podem olhar para o mesmo objeto e ver duas coisas diferentes. Várias facetas da Ciência Moderna estão pautadas no paradigma materialista, inclusive a explicação de consciência pelo filósofo John Searle (1997), que assume que o funcionamento biológico do cérebro seja necessário e suficiente para causar a experiência da consciência. Searle entende consciência como sendo a percepção de algo e aceita apenas o estado da experiência consciente como sendo o estado do indivíduo em vigília. Já a Ciência Védica, baseada no paradigma de primazia da consciência, propõe a existência de um estado fundamental de consciência, a consciência pura, ou transcendental, sem objeto de referência. Este estado fundamental, que insere em si conhecimento e inteligência (ou seja, informação) seria a fonte de criação de todo o mundo manifesto.

Os paradigmas fornecem a fundação a partir da qual os significados são alicerçados e dão o sentido para a experiência. Os paradigmas constituem a base para a construção da ciência, constituindo o corpo de teoria aceita, as aplicações consideradas bem-sucedidas e os modelos experimentais que são possíveis.

Por muito tempo a eficácia da ciência e de seus métodos funcionou para dar respostas plausíveis para várias perguntas. O paradigma baseado na consciência também existe há bastante tempo, mas até o momento não era muito eficaz, tendo perdido seu significado pelo mau uso das técnicas. Uma mudança de paradigma eficaz deveria ser aquela que engloba o paradigma anterior e o amplia, como tem sido feito através da Ciência Védica por Maharishi Mahesh Yogi (1969) no ensino da técnica da Meditação Transcendental. O Materialismo, embora eficaz, não parece ser completo, já que, através dele, não se explica totalmente a relação do cérebro com a consciência em seu sentido mais amplo.

A resposta, portanto, para a pergunta 'O que é Consciência?' depende do paradigma no qual o indivíduo se insere. Com uma proposta de expandir o paradigma materialista científico, sem violá-lo, pois suas proposições podem ser mensuradas objetivamente, a Ciência Védica de Maharishi entende que consciência seja a qualidade ou o estado de estar consciente. Neste contexto existem três aspectos do conhecimento, ou consciência: o conhecedor (ou observador), o conhecido (ou observado) e o processo de conhecimento (ou observação) que une os dois primeiros. A Ciência Moderna tem se limitado a uma abordagem mais objetiva que estuda o conhecido através dos métodos de terceira pessoa. A Ciência Védica de Maharishi, ao considerar a consciência como pré-existente, abraça os estados da experiência consciente, quando a consciência se torna consciência de algo, além do estado em que a consciência é apenas consciência, ou consciência dela mesma, e não consciência de algo.

Vem sendo verificado que o observador assume uma parte fundamental da experiência, podendo inclusive modificar o objeto observado, portanto, ele não deveria ser isolado do contexto de um entendimento mais amplo da experiência e da consciência.

O desenvolvimento do conhecimento humano vem da dinâmica entre conceituação e experiência. A partir dela se desenvolvem os modelos teóricos da ciência. Vários conceitos partem do princípio de que a matéria é primária à consciência e, efetivamente, em seu espectro de atuação, alguns experimentos confirmam esta hipótese. No entanto, quando se aprofunda o estudo da matéria e se alcança níveis mais sutis, como os subatômicos, ou no domínio do cérebro humano, ao se pesquisar a mente e as faculdades subjetivas, a interpretação clássica da ciência pode se tornar controversa ao buscar fornecer as explanações necessárias.

Nestes domínios mais sutis, onde partícula e onda coexistem, ou onde a objetividade cede a primazia para o elemento subjetivo, a proposta que surge para se encontrar uma explicação conveniente aos efeitos observados consiste em considerar que a consciência seja primária à matéria. Consciência é usada no sentido mais amplo identificada a um campo que gera informação, consciência como conhecimento de si mesma, e não apenas a consciência de vigília, sinônimo de percepção de algo.

A existência deste campo parece estar sendo considerada por diversos estudos cujos resultados só apresentam uma explanação plausível se forem considerados como efeitos de campo. A partir destes experimentos, os pesquisadores propuseram um modelo teórico que subentende a consciência como constituinte deste campo. A teoria assim descrita encontra-se de acordo com o conhecimento da Ciência Védica, que considera que o cérebro humano possua a capacidade de interagir com este campo de forma sistemática, e possa ser treinado para acessá-lo através de uma prática conhecida como Meditação Transcendental.

Embora uma teoria de campo da consciência pelo viés científico moderno possa ser especulativa, já que seria necessário o reconhecimento das propriedades deste campo e sua descrição em linguagem apropriada, os experimentos selecionados neste texto, dentre vários outros publicados, apontam para a existência de um campo que não se identifica com nenhum outro já verificado pela ciência. Na criação de elos entre modelo teórico e resultados experimentais, talvez seja oportuno ao longo do próximo item apresentar as propostas advindas de diferentes paradigmas, o materialista vigente e o baseado na consciência como sendo pré-existente.

Indicações de que a consciência humana seja capaz de interações ativas com mecanismos de processamento de informações tornam possível a abordagem da questão da interação mente-matéria a partir de um contexto de experimentação mecânico e trazem subsídios para a proposta de um modelo teórico da consciência como um campo de informações.

Na Universidade de Princeton, um laboratório do departamento de Engenharia se destina a pesquisar os resultados de interações homem-máquina. Ao longo de 12 anos foram realizados experimentos nos quais os produtos de dispositivos físicos eram examinados para se verificar evidências de influência da intenção de seus operadores. O dispositivo mecânico utilizado nos experimentos consiste de um gerador de eventos randômicos (REG) que utiliza um diodo que produz pulsos binários alternados. O experimento típico consiste da emissão de 200 pulsos em que a saída mostra uma alternância regular de positivos e negativos com a média de 100 e desvio padrão de 7,07 (DUNNE; JAHN, 1995).

O experimento proposto se destina a verificar se a intenção humana pode afetar o produto de saída deste dispositivo. Os efeitos são considerados somente quando correlações estatisticamente significativas entre as intenções dos operadores e mudanças de distribuições de saída dos aparelhos puderem ser observadas e replicadas. Verificou-se então que, efetivamente, a intenção do operador gera mudanças significativas sobre a saída do dispositivo mecânico, comprovadas estatisticamente pelos desvios da média teórica observados (DUNNE; JAHN, 1995, NELSON et al., 1998, JAHN et al., 1997).

Os resultados empíricos da pesquisa sobre a interação homem-máquina não podem ser explicados por meios clássicos considerando-se dois sistemas separados e a influência de um (operador) sobre o outro (REG). A sugestão de Dunne e Jahn (1995) consiste em entender o experimento como um processo de ressonância de ondas mecânicas entre dois componentes de um único sistema interativo, ou seja, a subjetividade presente no elo homem-máquina se manifesta como informação objetiva através da saída do dispositivo.

Os pesquisadores dos experimentos com o REG sugerem a transmutabilidade entre energia e informação de forma análoga à identificada entre matéria e energia por Einstein para explicar o efeito da intenção humana sobre um dispositivo mecânico. A informação produzida pela consciência humana gera um campo que pode ser averiguado por seus efeitos.

Diversas referências de pesquisas científicas (ORME-JOHNSON *et al.*, 1982, ORME-JOHNSON; DILLBECK, 1987, TRAVIS, 1989, NELSON *et al.*, 1998, ORME-JOHNSON; OATES, 2009) corroboram com a perspectiva da consciência pré-existente e uma respectiva teoria de campo da consciência. Os estudos relatam efeitos tais como: potenciais evocados pelo cérebro de uma pessoa produzindo mudanças no cérebro de outra pessoa isolada fisicamente da primeira; ou ainda que os cérebros de indivíduos isolados um do outro podem se tornar correlacionados; e também que o foco de atenção de indivíduos em um evento comum pode produzir efeitos significativos em detectores inanimados.

Um destes efeitos produzidos e propagados pelo campo de consciência denomina-se Efeito Maharishi e pode ser observado pela redução de estresse da consciência coletiva através da atuação de um grupo de praticantes da técnica da Meditação Transcendental (MT) nos arredores do ambiente onde se verifica a redução do estresse. Isto significa dizer que um grupo de praticantes de Meditação Transcendental provê mudanças no ambiente em torno aumentando a coerência tornando-o mais ordenado. Estes efeitos podem ser mensurados pelas mudanças em indicadores sociológicos objetivos, como índices de criminalidade, e indicadores econômicos (HAGELIN, 1987, ORME-JOHNSON; DILLBECK, 1987, TRAVIS, 1989).

Um estudo publicado no *Journal of Conflict Resolution* (ORME-JOHNSON; OATES, 2009) descreve o projeto aplicado no Oriente Médio em agosto e setembro de 1983, onde um grupo de meditantes israelenses se reunia duas vezes ao dia para a prática da Meditação Transcendental. A presença era controlada em cada sessão e verificou-se uma relação direta entre o tamanho do grupo e a variação de índices sociais e de guerra.

As pesquisas que acompanharam a relação entre grupos de praticantes de MT e diminuição dos índices de criminalidade no ambiente em torno apoiam a interpretação da teoria de campo da consciência. Quanto maior o número de participantes praticando a MT juntos, maiores os efeitos sobre este campo.

Ao se investigar os efeitos a alguma distância do grupo que gera o campo, flutuações puderam ser detectadas através de análise da coerência de EEG entre indivíduos. Foi realizado um estudo para verificar se um grupo de 2.500 meditantes iria aumentar a coerência eletroencefalográfica entre três sujeitos a 1.100 milhas de distância (ORME-JOHNSON *et al.*, 1982). Os resultados mostraram evidências de coerência intersubjetiva entre os três sujeitos, o que, a princípio, poderia apenas sugerir que os cérebros dos três indivíduos possuam eletroencefalogramas similares, e não que estejam interagindo uns com os outros. No entanto, o aumento de coerência intersubjetiva e a diminuição de potência alfa durante o evento em que 2.500 meditantes praticavam juntos sugere a existência de uma influência comum sobre os três cérebros. As ondas cerebrais dos três sujeitos se tornaram mais similares em frequência submetidos à influência comum do aumento de ordem na consciência coletiva.

Este estudo calculou coerência eletroencefalográfica entre indivíduos, testando três pares no mesmo horário do dia em dias de experimento e dias de controle. Nos dias de experimento as sessões de teste coincidiam com a prática de MT em grupo. Durante as mensurações de controle não havia prática de grupo. Os resultados indicam um aumento significativo da coerência das ondas alfa e beta entre os indivíduos nos dias de experimento, mas não nos dias de controle.

Através da observação de mecanismos neurofisiológicos, verificou-se a influência de um grupo de praticantes de MT sobre indivíduos realizando uma tarefa cognitiva, sugestivo de que coerência eletroencefalográfica e desempenho de tarefas cognitivas são variáveis sensíveis aos efeitos de campo (TRAVIS; ORME-JOHNSON, 1989). Os resultados foram replicados através de uma pesquisa em que foi gravado simultaneamente o EEG de um indivíduo-teste não praticante de MT realizando uma tarefa de aprendizado de conceito e um indivíduo praticante de MT. A relação dinâmica entre a coerência eletroencefalográfica do par de indivíduos (teste-praticante) deveria fornecer um indicador de liderança (quem estava influenciando quem) ou uma variável independente.

Observou-se então que mudanças de coerência na faixa de 5,7-8,5 Hz estavam correlacionadas às mudanças de coerência no indivíduo-teste, embora não houvesse interação direta entre eles, e o efeito ocorria em apenas um sentido, do praticante para o indivíduo-teste. Convém mencionar que a faixa de ondas citadas está relacionada com a encontrada durante a prática de MT. Não houve interação clássica direta entre os indivíduos, portanto, os efeitos devem ter se propagado através de um campo.

Um campo de consciência deve ter sido o responsável para que a informação pudesse se propagar e causar os efeitos verificados. A predição deste campo foi testada e apoiada por mais de 30 estudos relatando mudanças específicas (ORME-JOHNSON; OATES, 2009). Na tentativa de explicar os resultados observados pode-se considerar os quatro campos físicos básicos, as forças forte e fraca que operam no núcleo atômico, a força da gravidade, que não é expressiva entre indivíduos, e a força eletromagnética que, dentre as quatro, é a única capaz de afetar a fisiologia e o comportamento de organismos. No caso da coerência intersubjetiva, foi observado que a intensidade da coerência eletroencefalográfica não determinou quem estava influenciando quem, portanto, ela em si não é o fator causal. Uma coerência eletroencefalográfica mais alta não seria responsável por produzir efeitos de campo, mas as mudanças de coerência na faixa de 5,7-8,5 Hz eram sugestivas de atividades relacionadas aos efeitos de campo observados. Coerência nesta faixa de frequência pode ser observada durante a experiência de consciência pura durante a prática de MT. Sugere-se que o contato com a consciência pura faz a mediação do efeito observado. Para compreender a natureza ondulatória da consciência (DOMASH, 1975) deve-se conjeturar que ela vai além do limite inferior da detecção sensível.

Na investigação da estrutura e funcionamento da consciência pura, deve-se então partir do nível grosseiro de existência relativa em direção aos níveis mais refinados. Se as aferências sensoriais estão amortecidas, o cérebro se reconfigura para operar de outra forma. Os sentidos conseguem captar níveis grosseiros de estímulos ficando presos aos estados de consciência relativa. Porém os sentidos já não conseguem mais perceber os estímulos que são muito fracos para eles: o cheiro, quando está longe demais, o olfato humano não percebe, mas outro animal, sim; o som distante não consegue ser captado pelo ouvido humano, mas o sinal pode ser decodificado pelo rádio. Os sentidos não conseguem captar aquilo que está em um nível muito sutil. Para perceber o nível mais refinado da criação é preciso transcender os níveis de criação grosseiros.

O conhecedor é aquele que aprende a experiência. Questões do conhecedor estão intimamente relacionadas à mente e à subjetividade e à consciência, em seu entendimento mais amplo. Embora a consciência possa ser considerada uma questão constitutiva para a psicologia, como a energia e a matéria são para a física, o estudo da consciência em si (nos aspectos psicológicos) parecem não receber tanta atenção quanto os aspectos da experiência consciente (ou inconsciente) e do comportamento. O estudo da consciência em si poderia trazer a base de uma estrutura teórica unificada.

Maharishi descreve os eventos mentais e comportamentais como modos de excitação de um campo subjacente de consciência.

O termo "consciência pura" denota o campo unificado de consciência silencioso e imutável na base de todas as diversas fases ativas de consciência que se experimenta normalmente. Ao se ater aos níveis mental e comportamental, a psicologia moderna exclui o nível fundamental da consciência e não consegue desvendar o funcionamento dos processos inconscientes e de sua origem. Enquanto os fenômenos mentais, como pensamentos, percepções e sentimentos, bem como os comportamentais possam ser considerados eventos, postula-se que a consciência pura possa ser a base de onde eles surgem.

A unidade é possível porque na consciência pura o conhecedor está consciente de si mesmo como o conhecido, e é também o processo de conhecimento. Daí referir-se à consciência pura como o estado autorreferente de consciência, porque nele o conhecedor é o objetivo exclusivo de seu conhecimento. Quando a consciência adquire percepção de outros objetos, não é mais consciência pura, e sim referente ao objeto (ORME-JOHNSON, 1988).

O conhecedor é então identificado como consciência pura, o nível silencioso da consciência no nível mais sutil da mente que testemunha toda a atividade mental e comportamental. O conhecedor é conhecedor de si mesmo bem como de todos os eventos, subjetivos e objetivos, que, no estado ordinário de vigília são percebidos como externos a si mesmo.

O estado autorreferente da consciência pode ser descrito como puro porque se trata de um estado não qualificado. Qualquer evento mental se torna um qualificador da consciência, tornando-se um estado específico. Quando o sujeito vê um objeto, a consciência assume a qualidade deste objeto, identificando-se com o objeto da percepção. Por outro lado, o estado autorreferente da consciência pura não possui características específicas, sendo experimentado como eterno e infinito – atemporal e adimensional. No estado ordinário de vigília, o estado de unidade se perde e o experimentador se percebe separado dos objetos e do processo de conhecimento.

A realidade da consciência não é apenas três (observador, observação, observado), nem apenas um (consciência pura), mas ambos juntos. A consciência tem uma estrutura três em um, ela é tanto unidade quanto multiplicidade, se estendendo do absoluto ao relativo (ORME-JOHNSON, 1988).

A Psicologia Védica de Maharishi adiciona um componente importante ao conhecimento científico da subjetividade porque ela provê uma tecnologia, a Meditação Transcendental, através da qual qualquer um pode experimentar a consciência pura. Esta tecnologia permite que os correlatos fisiológicos da consciência pura e seus efeitos nos processos cognitivos e comportamentais sejam estudados objetivamente. A Ciência Védica inclui os achados da Ciência Moderna e é por isso que se pode utilizar o conhecimento científico para obter marcos fisiológicos dos diferentes níveis de consciência, incluindo o nível de consciência transcendental.

A Psicologia e a Ciência Védica fornecem uma fundamentação para o entendimento intelectual do processo de criação dos níveis de subjetividade humana a partir do estado unificado da consciência, e o procedimento necessário para que o indivíduo experimente os níveis mais refinados de subjetividade, incluindo o estado de consciência pura ou transcendental, que deve ser a origem de toda a experiência subjetiva e objetiva. Este estado fundamental da consciência possui marcos fisiológicos específicos que podem ser mensurados pela pesquisa científica e correlacionados à experiência subjetiva do indivíduo e às descrições do Conhecimento Védico.

3.1.2 A criação dos níveis de subjetividade

O estudo do *insight* parece indicar que estes fenômenos surgem de um nível mental profundo, portanto, sendo o *insight* uma das expressões da criatividade humana, para entendê-lo em sua totalidade parece ser plausível a necessidade de se compreender os diversos níveis da subjetividade humana e, além disso, a sua relação com o funcionamento do processo criador da natureza. De acordo com a Ciência Védica de Maharishi Mahesh Yogi (1967), todo processo de criação deve estar vinculado às leis da natureza. Para que o entendimento da criatividade humana seja completo precisa incluir a relação entre a criatividade individual com o processo de criação na natureza. Ou seja, os níveis de subjetividade humana, que permitem a expressão criativa individual, devem ser correlacionáveis com os níveis de criação da natureza em seu aspecto universal.

O ponto inicial do processo criativo na natureza consiste do campo de consciência pura. Este campo de consciência pura, mantendo sua estrutura unificada, gera sequencialmente, através de seu dinamismo, toda a existência objetiva e subjetiva. Isto é explicado pela Psicologia Védica de Maharishi (DILLBECK, 1988). Sendo a consciência pura primária a toda criação, o nível mais profundo da subjetividade humana está identificado com o campo unificado das leis naturais de onde emergem todas as leis da natureza responsáveis pela criação.

Dentro deste contexto, as seguintes questões precisam ser investigadas:

Como a dinâmica da lei natural surge de dentro do campo de consciência pura? Como o campo de consciência pura cria a consciência individual? Quais são os níveis fundamentais da subjetividade?

Considera-se que exista um campo unificado de consciência pura na base de toda a existência, de todas as expressões objetivas da natureza e de todos os aspectos subjetivos da vida humana. Esta afirmativa oriunda da Ciência Védica vem sendo comprovada tanto pelos experimentos em diversas áreas da Ciência Moderna (DUNNE; JAHN, 1995, ORME-JOHNSON *et al.*, 1982) quanto pela investigação subjetiva através de técnicas apropriadas (MAHARISHI, 1969).

Talvez seja possível estabelecer um paralelo entre o entendimento de Consciência Pura no conhecimento védico e a substância de Spinoza. Para o filósofo substância não tem forma, é infinita e não teleológica.

A abordagem da ciência moderna é objetiva, usando medições empíricas para testar ideias teóricas. A abordagem védica é tanto objetiva quanto subjetiva. A abordagem subjetiva usa sistematicamente o sistema nervoso humano e a consciência como instrumentos através dos quais conclusões sobre o funcionamento da natureza podem ser sistematicamente verificados por cognição direta, ou seja, através da experiência vivenciada e não pelo entendimento intelectual. A abordagem objetiva valida esses princípios criando influências específicas sobre a mente, o corpo e o ambiente. A investigação objetiva não apenas descreve o processo sequencial de manifestação dos níveis subjetivos de existência e das expressões objetivas na natureza, mas legitima a influência dos estados sutis da criação sobre os estados mais grosseiros, conforme descritos nos experimentos relativos aos efeitos de campo da consciência.

O campo unificado não pode tolerar a existência de um observador fora dele mesmo porque ele é o nível completamente unificado da natureza que contém todos os valores expressos em latência. O campo unificado de todas as leis da natureza pode ser descrito como a fonte infinitamente dinâmica do processo criativo na natureza (DILLBECK, 1988).

Para entender o dinamismo seria preciso discutir duas de suas propriedades: existência e inteligência. Aqui, mais uma vez, estabelecendo um paralelo com a Ética de Spinoza, como atributos da Natureza Naturante, ou substância, estariam a extensão e o pensamento, diferentes do corpo e mente cartesianos que são compostos por naturezas diferentes. Extensão e pensamento são da mesma natureza, assim como existência e inteligência são atributos da consciência. Pela perspectiva védica, o campo unificado parece ser tanto um campo de existência pura, a fonte autossuficiente de tudo o que existe, quanto um campo de inteligência pura, a fonte de inteligência ou ordem da natureza. Estas duas propriedades do campo unificado, existência e inteligência, permitem o entendimento de seu dinamismo, pois elas definem o campo unificado como um campo de consciência pura e constituem a base do dinamismo criativo.

O atributo da existência está relacionado ao aspecto silencioso do campo unificado, mas não inerte. O aspecto inteligente se relaciona ao dinamismo. Sendo um campo de existência e de inteligência, ele está desperto para sua própria natureza, ou seja, possui a propriedade de consciência autorreferente. A propriedade de autorreferência é responsável pela criatividade da inteligência pura.

A existência estar desperta a ela mesma é a fonte da diversidade. Este despertar cria a relação entre observador, processo de observação e observado, os três componentes de qualquer experiência. No nível do campo unificado cada um dos três é a mesma consciência pura. A qualidade autorreferente do campo de consciência pura é tanto a base de toda a diversidade na natureza quanto a base do dinamismo não manifesto do campo unificado. Maharishi (1978) explica que na consciência pura tem-se três valores, observador, (processo de) observação e observado, e tem-se um estado unificado dos três, ou seja, tem-se um e três ao mesmo tempo no estado autorreferente da consciência pura e, para tanto, existe uma contração para manter um e uma expansão para se tornar três. Este estado autorreferente de silêncio e dinamismo cria vibrações dentro de si mesmo. A dinâmica autointeragente do campo de consciência pura forma sequências de vibrações (ou sons) que dão origem ao mundo manifesto, ou modos para o filósofo Spinoza, cuja Natureza Naturada se associa com o mundo impermanente e relativo dos objetos. A fonte destas dinâmicas de transformação é o estado unificado de observador, processo de observação e observado, onde um está continuamente sendo transformado em três, e três de volta a um. Dentro do nível autorreferente unificado da consciência pura o princípio de transformação encontra-se inerente na natureza da relação sujeito-objeto. Como cada aspecto da consciência pura sabe da existência do outro, ele é transformado no outro. A mecânica de transformação de um aspecto em outro produz vibração e é a sequência de vibrações que forma a sequência específica do mundo manifesto.

A Ciência Védica de Maharishi descreve o processo criador na natureza como um desdobramento sequencial de leis naturais a partir de uma totalidade unificada subjacente, e esta descrição pode ser transferida para as disciplinas da Ciência Moderna. A estrutura tríplice identificada pela Ciência Védica de Maharishi, a totalidade de observador, processo de observação e observado, pode ser localizada na fonte (na origem) da dinâmica de transformação dentro da totalidade unificada identificada por cada disciplina da ciência moderna. Descreve a expressão sequencial da lei natural a partir de sua base unificada.

Na fisiologia, por exemplo, a fonte unificada de todas as expressões da lei natural é o genoma, a totalidade do conhecimento contido no DNA (WALLACE, 1986). As transformações sequenciais através das quais o DNA dá origem aos diversos sistemas fisiológicos e funções do organismo podem ser vistas através da relação tríplice da informação genética (o aspecto inteligente do observador), o emparelhamento das bases (o fator dinâmico, ou processo de observação) e a sequência de nucleotídeos (a estrutura material, ou o observado).

Ou seja, no que se refere à fonte da manifestação sequencial, na Psicologia Védica, as dinâmicas de expressão da lei natural estão contidas na elaboração sequencial da dinâmica auto-interagente do campo de consciência pura, que comporta os impulsos de toda a criação; e na Fisiologia, a expressão da informação contida no DNA é um processo sequencial cujo primeiro passo, transcrição da informação genética na forma de mensageiro RNA, envolve a separação das duas hélices da molécula de DNA, portanto, quebrando a estrutura simétrica da hélice dupla de DNA.

A relação entre Consciência e Matéria ocorre através de transformações sequenciais, a consciência pura, o campo unificado de todas as leis da natureza, enfim, dá origem à existência manifesta ou matéria. As transformações da consciência pura são expressas como vibrações (ou sons da Literatura Védica). Forma está inerente ao som. Uma forma material concreta é uma expressão precipitada de um impulso vibratório. Portanto, as várias formas emergem como uma maior elaboração dos impulsos vibratórios que têm sua origem no campo de consciência pura.

A descrição da expressão sequencial da lei natural na Ciência Védica auxilia a compreensão da relação entre consciência e matéria no nível manifesto da vida humana: a relação entre mente e corpo, ambos provenientes da mesma substância, a consciência. Para se estabelecer uma relação entre consciência individual e o campo de consciência pura, descreve-se como o campo de consciência pura dá origem à existência manifesta, como são criados os níveis de subjetividade. Ou seja, a manifestação sequencial da existência subjetiva e objetiva da vida individual, pela perspectiva védica de Maharishi, decorre do processo criador na natureza que tem sua origem no campo de consciência pura.

O desdobramento sequencial da criação a partir do estado autorreferente da consciência foi descrito por Maharishi em termos de níveis de subjetividade. Estes níveis se estendem do campo de consciência pura, denominado Ser (ou ego na consciência individual) ao intelecto, mente, sentidos e expressões materiais que formam os objetos dos sentidos. O Ser é um aspecto universal da natureza, ao qual o ego individual ascende através do desenvolvimento da consciência (ORME-JOHNSON, 1988). Estes níveis podem ser percebidos na vida subjetiva de cada indivíduo. O indivíduo cuja consciência não é plenamente desenvolvida expressa os níveis de subjetividade até um ponto limitado

Todos os níveis de subjetividade derivam da dinâmica autointerativa da consciência pura, em que a consciência está desperta a si mesma como observador, observado e a relação entre os dois. Este é o nível universal do Ser, o nível mais fundamental de subjetividade na natureza. Os dois constituintes do Ser – o silêncio, que testemunha, e a atividade, a inteligência discriminativa fazem parte das dinâmicas de transformação descritas como um tipo de vibração. O infinito dinamismo da consciência pura é a fonte de todas as dinâmicas e estruturas da lei natural. O princípio do relacionamento inerente na natureza autorreferente da consciência é a base do processo criador na natureza (DILLBECK, 1988).

No nível individual, o nível mais fundamental de subjetividade é o ego. A seguir, o nível de subjetividade que surge como primeira expressão do campo unificado é o intelecto, o princípio da discriminação. Ao se referir a si própria a consciência discrimina observador e observado dentro de seu estado unificado, portanto, ela possui inerente em si o princípio da discriminação, ou intelecto. O nível seguinte de subjetividade é a mente, que integra a multiplicidade de relacionamentos. A mente é capaz de se mover em todas as direções para abranger e elaborar todos os possíveis relacionamentos. A seguir, os sentidos atuam como intermediário entre a mente e a existência manifesta. Os sentidos são uma projeção da mente e, ao mesmo tempo, a origem através da qual a mente se expressa. Assim, a realidade objetiva é uma extensão da dinâmica de transformação oriunda da consciência.

Embora as disciplinas da ciência moderna investiguem as leis da natureza objetivamente, utilizando nomenclatura adequada, ela também percebe no funcionamento da natureza as atividades associadas aos níveis de subjetividade, ou seja, o princípio de discriminação, integração de relacionamentos, dinamismo progressivo (desejo) e sensibilidade, a exemplo do funcionamento do sistema imunológico (WALLACE, 1970).

De acordo com a Ciência Védica de Maharishi a emergência de formas materiais a partir do campo de consciência pura permite que a consciência se expresse em níveis variados através das estruturas fisiológicas. Daí a busca de se encontrar os princípios da consciência pura no funcionamento fisiológico, sendo de interesse particular neste trabalho, como o funcionamento do sistema nervoso expressa as características de unificação dos processos referentes ao objeto e dos autorreferentes.

Neste contexto discute-se a seguir a relação entre consciência individual e a realidade subjacente da consciência pura, o campo unificado de todas as leis da natureza. Para se entender plenamente a relação entre consciência individual e o campo de consciência pura, considera-se que a experiência do indivíduo seja dependente do funcionamento do sistema nervoso, mantendo em mente que o sistema nervoso emerge do campo de consciência pura.

No nível do campo unificado, a consciência pura é um campo autossuficiente e autorreferente de subjetividade pura e de existência pura. Mas para funcionar dentro dos limites de espaço e tempo, a consciência pura cria um veículo fisiológico através do qual a consciência se expressa. O sistema nervoso reflete a consciência em graus variados. Todas as formas de vida são uma manifestação limitada do potencial total da consciência pura expressando os níveis de subjetividade em um grau limitado. O diferencial do sistema nervoso humano é que, quando plenamente desenvolvido, pode experimentar as inúmeras possibilidades inerentes no dinamismo da consciência pura (DILLBECK, 1988).

Portanto o campo de consciência pura, além de originar as estruturas materiais, através do sistema nervoso humano, permite que ele próprio seja experimentado em seu valor pleno. Ou seja, é uma estrada de mão dupla. Em um sentido a consciência pura, através de suas qualidades de dinamismo e silêncio, cria todos os níveis de subjetividade até dar origem aos objetos manifestos e, em sentido contrário, através do sistema nervoso humano, possibilita experimentar e investigar o estado fundamental da consciência.

Para tanto deve-se fazer uso não apenas de entendimento intelectual do campo unificado e de seu processo de manifestação, mas também de procedimentos, como a Meditação Transcendental, que desenvolvam o sistema nervoso do indivíduo para que a percepção individual se abra e se identifique com a consciência pura de onde emergiu.

Antes do desenvolvimento pleno da consciência, isto quer dizer, o sistema nervoso ser capaz de ter a experiência do estado fundamental de consciência e integrá-lo com os níveis de atividade, a experiência individual de cada nível de subjetividade é restrita (MAHARISHI, BG 1969). É preciso haver um meio sistemático de experimentar a consciência pura para avivar as qualidades da autorreferência no indivíduo.

Funcionalmente o ego pode ser descrito como o experimentador. Pode-se considerar que seja o ego que pensa e sente. A faculdade do ego em experimentar e permitir os relacionamentos é a mente. A faculdade do ego que entende, discrimina e decide é o intelecto. O ego está num nível mais refinado do que o intelecto, embora ambos se originem da consciência pura. O ego se relaciona diretamente com o Ser e o intelecto se relaciona com o aspecto inteligente da consciência. A mente está num nível mais ativo do que o intelecto, considerando possibilidades e suas relações e possibilita as funções de memória e pensamento. O intelecto funciona como um filtro das informações que chegam até ele através da mente. A mente recebe todos os impulsos que chegam através dos sentidos.

Níveis de subjetividade podem ser entendidos como flutuações da consciência. A consciência vibra e se torna mente consciente e, a partir daí, um pensamento surge. Os sentidos servem de ligação entre a mente e o ambiente. Outro aspecto inerente nesta sequência de manifestação dos níveis de subjetividade trata-se do desejo, que está localizado em todo o espectro de funcionamento da consciência e tem sua origem no desejo da consciência em se conhecer. Ele que motiva o fluxo de atenção e conecta a mente ao ambiente através dos sentidos.

Os níveis da consciência pura, ego, intelecto, mente e sentidos, e a atividade do desejo ocorrendo em todos esses níveis, podem ser considerados como a estrutura fundamental da personalidade de acordo com a Psicologia Védica de Maharishi (DILLBECK, 1988). Estes níveis fundamentais de subjetividade fornecem a estrutura através da qual o processo criador funciona na vida individual. Qualquer pensamento ou ação surge como um impulso da consciência através desses diversos níveis.

Cada nível de subjetividade que emerge do campo de consciência pura está sempre conectado à fonte subjacente. A transformação é sequencial, mas sempre se mantém autorreferente, ou seja, pode referir-se a si mesma a qualquer momento (ORME-JOHNSON, 1988, DILLBECK, 1986).

A totalidade do campo de consciência pura sempre permanece íntegra e imutável (MAHARISHI, 1969). O estado autorreferente da consciência pura, apesar de não se envolver no processo criativo, permanece uma fonte inesgotável de energia e criatividade. A conexão das expressões da natureza com sua fonte imutável permite a mudança constante e ordenada.

Como exemplo disso, a descrição de como a totalidade unificada não manifestada permanece imutável na fonte de toda a mudança (fonte não mutável de toda a mudança) opera na fisiologia humana se dá pelo genoma, a totalidade da informação biológica armazenada dentro do DNA de toda célula no corpo, como sendo a fonte imutável de todas as estruturas biológicas e funções.

Figura 3: Criação dos níveis de subjetividade a partir do campo de Consciência Pura

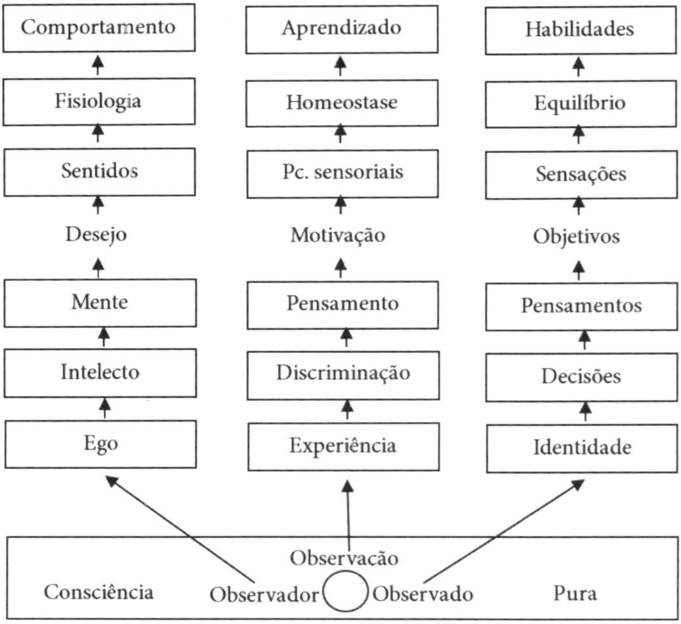

Comportamento	Aprendizado	Habilidades
↑	↑	↑
Fisiologia	Homeostase	Equilíbrio
↑	↑	↑
Sentidos	Pc. sensoriais	Sensações
↑	↑	↑
Desejo	Motivação	Objetivos
↑	↑	↑
Mente	Pensamento	Pensamentos
↑	↑	↑
Intelecto	Discriminação	Decisões
↑	↑	↑
Ego	Experiência	Identidade

Consciência Observador ◯ Observado Pura
Observação

Fonte – DILLBECK, 1986

Enquanto a consciência individual não está plenamente desenvolvida, o indivíduo não percebe a totalidade imutável da consciência pura, pois sua consciência está identificada com a diversidade da vida e não com a unidade subjacente, que é a unificação de observador, observação e observado. O intelecto, nesta circunstância, causa a fragmentação na vida do indivíduo ao invés da apreciação da unidade dentro da diversidade.

Quando a consciência individual não está plenamente desenvolvida, e o indivíduo não tem acesso completo às dinâmicas autointerativas da consciência pura responsáveis por toda transformação na natureza, o indivíduo não age em pleno acordo com as leis da natureza. O ego se identifica com os valores mutáveis e sua integridade e plenitude encontram-se ameaçadas pelos pensamentos, fala e ação de outros.

Quando a consciência individual está plenamente desenvolvida, ele percebe todas as inumeráveis relações como expressões das dinâmicas autointerativas da consciência pura, toda a diversidade é vista como emergindo do Ser. Para Spinoza este trajeto do indivíduo rumo ao desenvolvimento pleno pode ser comparado com seu conceito de intuição.

Todo o campo manifesto vem do campo eterno, contínuo e imutável de consciência pura, e o desenvolvimento do potencial total do indivíduo permite que ele realize esta compreensão e a experimente (MAHARISHI, 1969).

Através da sequência de vibrações, as dinâmicas autointeragentes da consciência são elaboradas sequencialmente. Através de desenvolvimento sequencial, a consciência se desdobra nos valores da matéria. Na figura 3 apresenta-se esquematicamente a criação dos níveis de subjetividade a partir do campo de Consciência Pura.

Para experimentar o estado fundamental da consciência, a consciência pura, é possível utilizar um procedimento prático, a Meditação Transcendental que permite que a mente consciente se identifique com o campo unificado de todas as leis da natureza na consciência transcendental. Trata-se de uma técnica mental sem esforço para experimentar diretamente o campo de consciência pura. Neste ponto seria interessante ressaltar que a Ciência e a Psicologia Védica, além de propor o entendimento intelectual para o funcionamento da natureza e do ser humano, oferece um método tanto objetivo quanto subjetivo de investigação da Consciência, pois, de forma contrária, poderia se tornar mera especulação filosófica. No entanto, o acesso ao estado autorreferente da consciência vem sendo amplamente investigado pela metodologia científica moderna e experimentado por aqueles que fazem uso de uma técnica que conduza a atividade mental dos níveis mais excitados para os mais aquietados. A experiência do estado de consciência transcendental pode ser alcançada de forma espontânea já que ele possui existência fundamental, no entanto, como os níveis de consciência estão diretamente relacionados ao funcionamento cerebral, a qualidade da fisiologia cerebral é o que permite o tipo de experiência disponível ao indivíduo. Por outro lado, a experiência modifica o cérebro, portanto, experimentar o estado de transcendência constantemente permite o cérebro experimentá-lo cada vez mais com maior facilidade.

A seguir faz-se a investigação dos correlatos fisiológicos dos diferentes níveis de consciência. Considera-se que existam quatro níveis de consciência, os níveis de consciência relativa, vigília, sonho e sono, em que as experiências têm relação com parâmetros de tempo, espaço e sensações corporais, e um quarto nível de consciência, o estado transcendental, em que as experiências têm aspectos de atemporalidade, adimensionalidade e sutileza. O achado de correlatos fisiológicos de cada nível estabelece o diálogo entre Ciência Védica e Ciência Moderna e proporciona a verificação da existência do quarto nível de consciência e sua identificação com o estado fundamental.

3.2 OS NÍVEIS DE CONSCIÊNCIA

É possível correlacionar eventos neurofisiológicos com estados mentais subjetivos, ou seja, num determinado estado de funcionamento do cérebro, o indivíduo manifesta um estado mental específico e um comportamento correspondente a ele. Consciência pode ser definida, assim, como a forma pela qual o indivíduo percebe o mundo e como se relaciona com ele e consigo mesmo. Neste contexto torna-se relevante postular que tanto as alterações fisiológicas irão modificar o estado mental quanto uma alteração do estado mental através de técnicas específicas irá influenciar a constituição dos circuitos neurais subjacentes ao novo estado.

As técnicas de meditação são práticas que autorregulam o corpo e a mente, afetando, portanto, os eventos mentais por engajarem um conjunto atencional específico. Existem diversas técnicas de meditação que oscilam entre um foco de atenção difuso até um nível de concentração que exige esforço cognitivo. Cada uma delas gera efeitos diferenciados no cérebro, causando consequências e benefícios distintos entre si, embora o uso continuado de grande parte delas resulte em maior concentração, mais tranquilidade e uma conexão mais afinada com o mundo subjetivo (TRAVIS, 2001).

Neste estudo aborda-se a meditação transcendental para analisar seu efeito sobre o cérebro e sua influência sobre os demais níveis de consciência a partir das correlações neurofisiológicas. A meditação transcendental se centra na repetição de um mantra, mas não deve ser considerada uma técnica de concentração, pois sua ênfase primária está na ausência de esforço cognitivo para o desenvolvimento de uma percepção desprovida de pensamentos, que apenas observe e testemunhe.

Para cada nível de consciência existe uma fisiologia específica. Nível de consciência pode ser entendido como as diferentes formas através das quais o indivíduo percebe o ambiente e a si mesmo e como atua sobre ele. Assim existem quatro níveis de consciência: vigília, sono, sonho e transcendência. Em consciência de vigília os estímulos percebidos pelos órgãos sensoriais do indivíduo podem ser prontamente retransmitidos para o córtex cerebral, onde poderão ser processados e produzir algum tipo de ação, seja ela motora ou intelectual. Já em consciência de sono, mesmo que o indivíduo seja submetido a estímulos sensoriais, estes não serão percebidos, e o indivíduo não consegue atuar sobre o ambiente com um conhecimento declarável. Além da vigília e do sono, há também a consciência de sonho na qual, embora dormindo, o indivíduo produz uma ação em forma de imagens que podem ser declaradas depois que ele acorda. Estes três níveis de consciência são experimentados na vida prática dos seres humanos. A falta de vivência de algum deles pode levar a distúrbios. Caso uma pessoa não experimente o sono, pode morrer em alguns dias. Se não vivenciar o sonho, não haverá eliminação de estresse, podendo enlouquecer. E se não experimentar a vigília, viverá em letargia. Um quarto nível de consciência, a transcendência, pode ser experimentado através da prática de uma técnica específica, a meditação transcendental. O nível de consciência transcendental também apresenta uma fisiologia específica, que pode ser verificada através de eletroencefalografia e outros testes que averiguam índices do estado do corpo, tais como frequência cardíaca e quantidade de lactato sanguíneo (WALLACE, 1970).

A partir de cada um dos três níveis mais básicos de consciência, vigília, sono e sonho, não se pode alterar nenhum dos outros. No entanto, verifica-se que a prática continuada da meditação, mantendo o indivíduo em consciência transcendental por mais tempo, causa mudanças bioquímicas, metabólicas e eletrofisiológicas agudas e de longo prazo. O aumento equilibrado do nível dos neurotransmissores serotonina e norepinefrina permite a transição de estados profundos de descanso durante a meditação para estados de alerta fora dela. Estas alterações se manifestam como maior foco durante a vigília, sono mais restaurador e sonhos mais vívidos.

Relatos de praticantes defendendo a existência do quarto nível de consciência pelo uso da meditação transcendental incentivaram estudos com EEG que concluíram que os sujeitos apresentavam um estado semelhante ao sono durante a meditação com aumento da incidência de frequência alfa no cérebro (CAHN; POLICH, 2006). A meditação seria uma condição fisiológica obscura entre a vigília e o sono. Estes achados indicam que a meditação não é nem vigília nem sono como normalmente experimentado, e a habilidade de permanecer suspenso entre um e outro foi encontrada no EEG como leitura diferente do padrão basal e do sono.

O campo da neurofenomenologia enfatiza a necessidade de definir a correspondência entre os correlatos neurofisiológicos dos níveis de consciência e a experiência interna através de relatos de primeira pessoa (LUTZ *et al.*, 2002). No entanto, estudos nesta área relacionados à alteração da experiência subjetiva são poucos devido à dificuldade de se quantificar os eventos internos. Embora não se possa afirmar se é o cérebro quem determina o estado de consciência, ou se é o nível de consciência que determina o estado do cérebro, pode-se verificar que existem as correlações. Baseando-se nelas e verificando que a técnica da meditação transcendental modifica o funcionamento cerebral conduzindo a um estado mental específico e diferenciado, infere-se que sua prática pode auxiliar o entendimento dos diferentes níveis de consciência. A seguir encontram-se descritas as estruturas cerebrais que estão envolvidas em cada estado de consciência.

Um conjunto de células espalhadas no tronco encefálico constituindo a formação reticular (sistema ativador reticular ascendente) causa excitação interna responsável pelo estado de vigília. Para se entrar em estado de sono é preciso que ocorra a desativação do sistema ativador reticular ascendente (SARA) e do sistema talâmico difuso e que haja a ativação do sistema dos núcleos da rafe, encontrados no tronco encefálico. Sua principal função é a secreção de serotonina para o resto do cérebro. A ativação dos núcleos da rafe inibe a excitação causada pelo sistema reticular ativador permitindo que o sistema talâmico difuso conduza o córtex ao padrão de EEG relacionado ao sono. A ativação do *locus ceruleus*, uma região do tronco encefálico, através da liberação de norepinefrina e ativação dos neurônios reticulares gigantes conduz o cérebro ao padrão de sonho.

Durante a meditação ocorre uma série de atividades encefálicas provocando um padrão cerebral diferenciado. O hipotálamo interage com núcleos talâmicos para facilitar ondas de frequência alfa nas regiões frontal e central do córtex. Interage também com o SARA para inibir centros neurais que atuam sobre o sistema talâmico difuso e para diminuir a aferência sensorial irrelevante nos núcleos talâmicos. O hipotálamo diretamente integra funções autonômicas e somáticas ou indiretamente age nos centros medulares através do SARA que produzem as modificações sobre consumo de oxigênio, frequência cardíaca, pressão sanguínea, resistência da pele, e concentração de lactato sanguíneo e metabolismo celular que altera o transporte e consumo de oxigênio (WALLACE, 1986).

O aumento de atividade alfa nas regiões frontal e central do córtex se deve às células do tálamo que funcionam como marca-passo. A alteração do hipotálamo durante a meditação pode influenciar o tálamo, que está diretamente conectado a ele, e os núcleos talâmicos que se projetam para a região frontal do córtex atuam no sentido de sincronizar a atividade alfa.

Verifica-se o aumento da incidência de ondas em frequência alfa e a diminuição de sua amplitude, relaxamento muscular e inatividade de eletromiografia (EMG) relacionado à atividade parassimpática e sincronização no eletroencefalograma (EEG) – pois a diminuição de impulsos proprioceptivos reduz a atividade do hipotálamo posterior e a liberação do hipotálamo anterior conduz ao aumento de atividade parassimpática e sincronização do EEG. Com a prática continuada da meditação há um aumento tanto do tônus simpático quanto do parassimpático, indicando uma ativação equilibrada dos dois sistemas, ao invés da desativação de um deles (TRAVIS et al., 2004). A diminuição de descarga proprioceptiva demonstra o estado de relaxamento profundo do corpo, e o estado de alerta aparente no EEG é compatível com a grande atividade cerebral coerente e síncrona. Infere-se que a atividade cerebral durante a meditação depende das influências mútuas entre córtex e SARA (sistema ativador reticular ascendente) e não de ativação externa sobre o SARA.

Durante a prática da meditação transcendental há simultaneamente uma ativação dos núcleos talâmicos e um bloqueio da aferência sensorial externa. Há uma integração melhor das funções neurais em todos os níveis, entre as funções perceptivas e ativas, entre os dois hemisférios e entre as funções corticais e as funções subcorticais viso-emocionais.

O tálamo é uma estrutura que faz parte do diencéfalo e funciona como uma chave para as informações sensoriais entre os órgãos sensoriais e as áreas sensoriais e associativas do córtex. A sincronização das células talâmicas pode causar a sincronização em larga escala do córtex cerebral. O sistema talâmico difuso causa inibição interna conducente ao sono.

Constituído de diversos núcleos de substância cinzenta, o hipotálamo está localizado no diencéfalo, abaixo do tálamo. Consiste em uma estrutura cerebral chave responsável pelo controle das manifestações fisiológicas que acompanham as emoções, realizando essa tarefa através do sistema nervoso autônomo e do sistema endócrino (BEAUREGARD *et al.*, 2001). A saída do sistema nervoso autônomo é influenciada por três regiões do encéfalo: pelo córtex cerebral, pela amígdala e por partes da formação reticular. As ações destas regiões encefálicas sobre o sistema nervoso autônomo são produzidas através do hipotálamo, que integra as informações a partir destas estruturas em uma resposta coerente (BALLONE, 2002). O hipotálamo não é apenas uma região de comando motor para o sistema nervoso autônomo e endócrino, mas também um centro de coordenação que integra várias entradas em um conjunto organizado de respostas autônomas e somáticas. Dentre os seus núcleos estão os que controlam os ciclos de vigília e sono. Portanto é a estrutura de controle das funções autonômicas e somáticas em todos os estados de consciência.

Além de estruturas distintas estarem envolvidas em cada nível de consciência, também se pode verificar que os neurônios disparam de forma diferenciada gerando ondas cerebrais distintas. A eletroencefalografia consiste no registro de atividade elétrica sobre o escalpo produzida pelo disparo de neurônios do cérebro. O registro corresponde à atividade causada por potenciais pós-sinápticos de neurônios presentes no córtex cerebral. Como o potencial elétrico gerado por um neurônio é muito pequeno para ser captado, a atividade registrada pelo EEG corresponde à atividade sincrônica de vários neurônios. A atividade eletroencefalográfica mostra oscilações em uma variada gama de frequências, que se encontram associadas a diferentes estados do funcionamento cerebral, como, por exemplo, indicando o estado de alerta e os diferentes estágios do sono. As oscilações, por representarem a atividade sincronizada de um grupo de neurônios, indicam regiões do cérebro com as quais uma atividade cognitiva possa estar relacionada, embora a aquisição de sinais pelo EEG possa apresentar ruídos captados de outras partes do cérebro.

As ondas lentas de frequência mais baixa indicam relaxamento profundo, e as mais rápidas de frequência mais alta refletem o estado de concentração e alerta do indivíduo. Durante o sono a frequência predominante verificável no córtex cerebral é a delta de 1 a 4 Hz. A frequência alfa de 8 a 12 Hz ainda indica um estado de relaxamento, embora o indivíduo esteja desperto. As ondas de frequência mais alta, como a beta de 13 a 20 Hz, indicam um indivíduo envolvido em alguma atividade de concentração.

A prática de técnicas de meditação que não exigem esforço cognitivo, como a meditação transcendental, conduz o indivíduo a produzir ondas de frequência alfa e permite que diferentes regiões do cérebro entrem em coerência eletroencefalográfica. Este correlato pode indicar um estado de relaxamento profundo do corpo enquanto o cérebro permanece ativo e a mente alerta, propiciando a criatividade e o entendimento mais amplo de seus estados internos.

A medição das respostas cerebrais à prática da meditação se baseia na premissa de que níveis diferentes de consciência estão acompanhados por eventos neurofisiológicos distintos e nos relatos de que a prática da técnica induz estados psicológicos e traços adquiridos específicos. Estado se refere à alteração da percepção sensorial, cognitiva ou de autorreferência que pode surgir durante a prática da meditação. Traços consistem nas mudanças duradouras destes três aspectos que persistem no meditante, independente de ele estar exercendo a atividade da meditação.

A prática continuada da meditação conduz a estados de percepção conhecidos como experiência transcendental, que consiste de um estado independente de atividade mental, que pode estar presente tanto durante a vigília quanto durante o sono profundo e produz a percepção de uma identidade alterada, onde a separação concebida entre o observador e o observado é tênue (MAHARISHI, 1989).

Uma diminuição na atividade coerente de ondas alfa é encontrada em estado de sonolência, o que contrasta com o aumento de sua incidência durante a meditação, dissociando a meditação da sonolência e dos primeiros estágios do sono. Estudos mostraram níveis mais altos de atividade alfa nos meditantes durante os estágios mais avançados de sono, enquanto no grupo controle de não meditantes esta atividade neste estágio está num nível mínimo. Estes achados refletem o desenvolvimento de uma consciência transcendental que persiste durante a vigília, o sonho e o sono profundo. A experiência meditativa pode, portanto, produzir mudanças neurofisiológicas que correspondem a uma progressão de estar totalmente inconsciente durante o sono a estar totalmente consciente durante ele (CAHN; POLICH, 2006).

O aumento do padrão de coerência alfa, a ativação do córtex frontal e de áreas pré-frontais são sugestivos de um aumento dos recursos atencionais, da eficiência no processamento de estímulos e nas alterações referentes à experiência subjetiva, embora ainda não se possa explicitar as características neurofisiológicas de como a meditação induz a alteração da experiência interna. Relatos da experiência que funde o sujeito com o fenômeno são necessários para estabelecer os fundamentos deste efeito.

Os estudos de correlação neurofisiológica dos níveis de consciência demonstram os efeitos da prática de meditação sobre o cérebro e sua influência sobre os demais níveis. Podendo ser considerada um método de indução à alteração dos estados mentais, pesquisas com essa técnica devem ser consideradas relevantes para isolar a atividade neurológica funcional associada aos estados psicológicos. E por conduzir a um estado de observação autorreferente, semelhante a de uma testemunha, a meditação transcendental permite um entendimento mais profundo da consciência.

As investigações do funcionamento cerebral em cada nível de consciência, vigília, sono e sonho, demonstraram que cada um deles é acompanhado por eventos neurofisiológicos específicos e correspondem a modos distintos de se perceber o ambiente e atuar sobre ele (tabela 3). Um quarto nível pode ser alcançado através da prática da meditação transcendental e corresponde ao estado de transcendência, durante o qual eventos específicos que ocorrem no cérebro podem ser mantidos pela prática continuada da técnica. Alterações crônicas implicam atingir-se um estado neurofisiológico de coerência eletroencefalográfica de ondas alfa, e os comportamentos correspondentes a estas mudanças se referem a maior tranquilidade emocional, maior foco de atenção e concentração e maior contato com o mundo interno subjetivo. Verificou-se que a transcendência pode influenciar os demais níveis de consciência e trazer um conhecimento mais profundo nesta área por ser uma técnica de observação autorreferente.

Tabela 3: Características psicológicas dos níveis de consciência

		Autopercepção	
		SIM	NÃO
Pensamento	**SIM**	Vigília	Sonho
	NÃO	Transcendência	Sono

Poder-se-ia sugerir que os diferentes níveis de consciência sejam estados discretos, já que apresentam padrões fisiológicos específicos, portanto também consideram realidades distintas. Por exemplo, as ações tomadas durante um sonho nem sempre são cabíveis na realidade de vigília, como a viabilidade de se voar sem equipamentos no sonho e a impossibilidade de se fazê-lo na vigília se o indivíduo não experimenta estados superiores de consciência.

Existem evidências de um estado permeando o outro?

O modelo do ponto de junção proposto por Maharishi e verificado por Travis (1994) pressupõe que vigília, sono não REM (*random eye movement*) e sonho não são estados isolados que interagem entre si, mas são expressões sequenciais de um campo indiferenciado subjacente a eles.

Este modelo começa pela observação de que vigília, sono e sonho são estados discretos. Esta afirmativa parece estar apoiada por padrões eletroencefalográficos distintos em cada estado, atividade do tronco encefálico e experiências relatadas. Por serem discretos, um estado precisa desaparecer por completo antes que o outro estado surja. Um ponto de junção estaria localizado como marco no fim de um estado e início do seguinte, como uma janela para o campo indiferenciado que subjaz a eles.

Cada estado surge como uma onda do oceano indiferenciado. Especula-se que em cada ponto de junção entre as ondas a experiência do campo imanifesto esteja disponível. Sendo que a experiência é mais facilmente acessada durante a meditação. Pelos padrões de EEG, EMG e movimento de olhos pode-se averiguar se os pontos de transição entre os estados são similares.

Foram identificados picos em intensidade teta/alfa durante as transições entre vigília, sono não REM e sonho. Os padrões similares de EEG implicam a existência de um estado de transição similar entre os outros estados (TRAVIS, 1994).

No sono observa-se a presença de picos de frequência delta que sugerem que o descanso profundo e a recuperação da fadiga ocorrem durante esses períodos. Os picos de frequência teta/alfa são verificados na transição entre o estado de vigília e o de sono.

O estado de transição entre a vigília e o sono, conhecido como sono hipnagógico, está caracterizado pela difusão de ondas alfa da região posterior à frontal e termina com o estágio 1 do sono. A experiência subjetiva nesta fase tem sido relatada como uma sensação de flutuação e deve corresponder à transição através do ponto de junção entre vigília e sono.

Padrões semelhantes de EEG foram vistos durante a prática da Meditação Transcendental e durante a transição entre vigília e sono. Enquanto durante a prática da MT os padres permanecem ao longo da sessão, durante o período de transição entre estados, os padrões duram entre 3 e 5 minutos.

De acordo com o modelo do ponto de junção, os padrões eletroencefalográficos seriam semelhantes durante a transição entre vigília e sono e durante a prática da MT porque ambos os estados envolvem uma minimização gradual da atividade mental seguida por períodos curtos de consciência transcendental entre os estados no primeiro caso e entre os pensamentos no segundo. O modelo prevê uma duração mais longa durante a MT porque o indivíduo permanece com a atenção voltada interiormente que o permite experimentar a consciência transcendental várias vezes durante a sessão, em contraste com a transição através daquele estado de mudança da vigília para o sono.

Portanto, a transcendência pode ser entendida como um nível de consciência específico, caracterizado por marcos fisiológicos, que são a diminuição do ritmo respiratório, aumento da arritmia sinusal respiratória, diminuição da condutância da pele; marcos neurofisiológicos, coerência alfa frontal, coerência alfa anterior-posterior; padrões psicológicos, autopercepção e ausência de pensamentos; e características subjetivas, experiência atemporal, adimensional e sutil (sem sensações corporais). Estas características identificam o estado transcendental como um estado de mínima excitação mental e física, ou seja, poder-se-ia dizer que se trata do estado fundamental da consciência, o estado que se encontra subjacente e permeia os demais estados mais excitados da consciência. Sua relação com o DMN (*Default Mode Network*) será vista a seguir.

3.3 O ESTADO FUNDAMENTAL DA CONSCIÊNCIA

3.3.1 A Consciência Transcendental

O quarto estado de consciência tem sido descrito e experimentado há milênios na tradição e literatura védica (MAHARISHI, 1969, RAMAMURTHI, 1995). O desafio para a ciência moderna vem sendo encontrar seus correlatos físicos, fisiológicos, psicológicos e sociológicos (HAGELIN, 1987; WALLACE, 1970; TRAVIS 2001; ORME-JOHNSON, 1988; ORME-JOHNSON; OATES, 2009). O estado de consciência transcendental, ou quarto estado, considerando que os outros três sejam vigília, sonho e sono, vem sendo claramente identificado através de pesquisas científicas e de relatos de experiências. Uma vez que se estabelece a existência deste quarto estado diferenciado dos demais, ele se torna essencial para todo o entendimento da consciência, pois traz clareza ao dilema do estado da consciência de vigília, que é o dilema da dualidade, e, ao se experimentar o estado de consciência pura, entende-se quem está por trás da experiência, quem opera a incrível máquina do cérebro e do corpo. Qualquer outra definição de consciência parece ser incompleta até que se identifique este estado de consciência pura e suas características fisiológicas.

Existem muitas partes da consciência humana individual, ego, intelecto, mente, sentidos e sentimentos. Pode ser complexo entendê-las de forma fragmentada. Os diversos conceitos parecem estar sendo misturados. Torna-se necessário encontrar aquele estado fundamental puro. Assim funciona na ciência, é preciso encontrar o *ground state* (estado fundamental). Isto fornece a base para entender a ciência da consciência. Entender a consciência transcendental é um ponto chave para o entendimento do estado fundamental da consciência. Então a questão que parece se apresentar seria a de como isolar o estado transcendental.

O estado transcendental pode ser comparado ao vazio quântico na Física, sendo ele um estado de mínima excitação, subjacente aos demais estados excitados do pensamento e da matéria. Conforme o modelo do ponto de junção, ele está subjacente aos demais estados de consciência, portanto, parece ser natural que o indivíduo possa acessá-lo espontaneamente. No entanto o que se tem verificado pelas pesquisas científicas é que existe uma correspondência com o funcionamento neurofisiológico, portanto, parece haver uma forma sistemática de experimentá-lo através de um procedimento específico, que se trata da prática da Meditação Transcendental. Ou seja, existe a possibilidade de acessos espontâneos ao quarto estado, mas se o cérebro não estiver funcionalmente habilitado, não vai conseguir manter a experiência, enquanto o treinamento da fisiologia cerebral através de práticas específicas permite a experiência do quarto estado e a manutenção dela por períodos mais longos.

Observou-se que o estado de consciência transcendental experimentado durante a prática da Meditação Transcendental está presente entre os pensamentos, e também é experimentado entre os estados de consciência. Ou seja, o campo disponível no ponto de junção entre vigília, sono e sonho pode ser experimentado entre dois pensamentos no estado de vigília (TRAVIS, 1994). Infere-se assim que localizar a fonte dos pensamentos seria localizar a fonte do estado de vigília. Experimentados sistematicamente níveis mais aquietados da atividade mental chegaria a um momento em que a percepção de qualquer atividade mental específica seria transcendida, permanecendo apenas a experiência do campo de consciência de onde aqueles pensamentos surgiram (MAHARISHI, 1967).

Quando este estado é atingido, ele conduz à experiência de "o estado de suspensão, silêncio, consciência pura, e percepção completa, onde o experimentador é deixado a si mesmo" (MAHARISHI, 1969).

Esta experiência é denominada consciência transcendental e está além da atividade de vigília, sono e sonho. Enquanto a consciência de vigília sempre tem um objeto ao qual se refere, a consciência transcendental é descrita como o estado de alerta sem um objeto discreto da experiência, nada além dela própria em sua estrutura. A consciência transcendental pode ser atingida através da Transcendência, entendida como "... tirar a mente da experiência de um pensamento e levá-la para estados mais refinados do pensamento" (MAHARISHI, 1967).

Transcendência foi caracterizada por ritmos respiratórios mais lentos, níveis de arritmia sinusal respiratória aumentados, maior amplitude de ondas alfa e maior coerência eletroencefalográfica de ondas alfa (TRAVIS; WALACCE, 1999). Em contraste com a meditação de concentração, a Meditação Transcendental conduz a estados de autopercepção com conteúdo conceitual reduzido através de controle cognitivo mínimo, ou nenhum. A prática da Meditação Transcendental está caracterizada por períodos de suspensão respiratória espontânea por 10 segundos ou mais, ativação simpática reduzida, e ativação parassimpática aumentada, junto com intensidade alfa 1 frontal e central aumentada e coerência alfa frontal.

Existem evidências indicando que a origem da intensidade alfa aumentada se encontra no córtex pré-frontal medial e córtex cingulado anterior durante a prática da Meditação Transcendental. Sugere-se que o estado de mínima excitação da mente e do corpo durante a prática e sua relação com a atividade mental corrente possa ser análogo ao estado basal observado em sistemas físicos e sua relação com estados mais excitados do sistema (HAGELIN et al., 1999). Daí o interesse em examinar o padrão de ativação do DMN durante a Meditação Transcendental como aparecem refletidas nos padrões de EEG e ativação cerebral. A origem dos sinais corticais medidos pelo EEG durante a Meditação Transcendental indica sobreposição com o DMN (TRAVIS et al., 2010), que foi definido como uma propriedade fundamental ou intrínseca do cérebro, que apoiam modos de processamentos cognitivos extrínsecos. Ou seja, O DMN pode ser definido como um estado cerebral padrão intrínseco cuja atividade se encontra reduzida durante comportamentos direcionados a um objetivo que necessitam de controle executivo e aumentada atividade cuja carga cognitiva é pequena como, descanso com olhos fechados, tarefas mentais autorreferentes, tarefas que envolvem autoprojeção, e ao se considerar a perspectiva alheia (teoria da mente) (KÜHN et al., 2014).

A experiência do pensamento sem conteúdo com a autopercepção continuada deve ser diferente dos pensamentos enquanto a mente está vagando, pois a ativação das áreas cerebrais durante a transcendência foi distinta das áreas durante repouso de olhos fechados. Parece ser possível que a experiência da Meditação Transcendental seja fundamental às experiências de descanso com olhos fechados, assim como estas são básicas aos processos cognitivos extrínsecos.

Muitas pesquisas científicas elegem um objeto de estudo e, usualmente, adotam duas perspectivas: a de considerar o observador separado do objeto observado e, quando se trata de verificar o funcionamento cerebral, verificar como ele ocorre quando o indivíduo está engajado em alguma tarefa. Ou seja, trata-se de uma perspectiva referente ao objeto, praticamente desconsiderando os processos autorreferentes subjacentes ao processo de conhecimento. A descoberta do DMN (*Default Mode Network*) ocorreu quando se começou a observar que o cérebro apresentava uma atividade particular quando ele não era submetido a nenhuma tarefa específica, ou seja, havia um modo padrão de funcionamento que podia ser percebido quando o sujeito era deixado a si mesmo, sem operar nenhuma tarefa específica.

Verificou-se que as áreas cerebrais onde se observa diminuição de atividade durante tarefas orientadas para o objetivo que demandam atenção não eram ativadas durante o estado de repouso, eram, no entanto, um indicativo de uma organização, até o momento desconhecida, inerente à atividade intrínseca do cérebro (RAICHLE, 2015).

A descoberta desta organização, um circuito em larga escala de funcionamento padrão, indicou que ele podia ser revelado estudando-se padrões de coerência espacial nas flutuações espontâneas (ruídos) durante o estado de repouso. Ele pode ser dividido em três grandes subdivisões: o córtex pré-frontal ventromedial, o córtex pré-frontal dorsomedial e o córtex cingulado posterior e o precuneus mais o córtex parietal lateral.

O córtex pré-frontal ventromedial é um elemento crítico em um circuito de áreas que recebem informação sensorial do mundo externo e do corpo através do córtex frontal orbital e transmite essa informação para estruturas como o hipotálamo, a amígdala e a substância cinzenta periaquedutal do mesencéfalo, como um elo sensoriomotor relativo ao comportamento social, controle do humor, motivação, todos importantes componentes da personalidade individual. Atividade nesta região do DMN reflete o equilíbrio dinâmico entre a atenção focada e o estado emocional do sujeito, e pode ocorrer a partir de uma linha de base funcionalmente ativa, isto é, de um estado padrão.

O córtex pré-frontal dorsomedial, imediatamente adjacente ao ventromedial, se distingue dele pela sua associação aos julgamentos autorreferentes. O córtex cingulado posterior e o precuneus medial, junto com o córtex parietal lateral, têm sido associados com a recordação de itens estudados anteriormente, que se justifica dada a significativa relação entre a formação hipocampal e os elementos posteriores do *default mode network*.

Em resumo, dados sugerem que o *default mode network* conduz processos que dão suporte ao processamento emocional (córtex pré-frontal ventromedial), atividade autorreferente (córtex pré-frontal dorsomedial), e recordação de experiência prévia (regiões posteriores do DMN). Estes elementos funcionais do circuito podem ser afetados de formas diferenciadas durante o desempenho de tarefas dependendo da natureza dela. No entanto, independente dos detalhes da tarefa, o DMN sempre começa de uma linha de base de grande atividade, com pequenas mudanças nessa atividade feitas para acomodar as exigências da tarefa em particular. Evidências mostram que as funções do DMN nunca se desativam, podem apenas aumentar ou reduzir.

O DMN pode ser entendido como um modelo preditivo autocentrado do mundo e que possui uma correlação negativa com o circuito atencional posterior (DAN), que pode ser considerado um detector de novas características no ambiente. Tarefas que exigem atenção ativam DAN e diminuem ativação do DMN. A atenção como convencionalmente definida está limitada à percepção consciente do ambiente, mas talvez ela também envolva um componente não consciente que oriente o indivíduo para as regularidades previsíveis do ambiente sobre as quais a maior parte dos comportamentos está baseada. Portanto, o DMN poderia estar relacionado à cognição espontânea, ao aspecto inconsciente da atenção que norteia as decisões.

No que concerne à natureza básica do funcionamento cerebral, a existência do DMN corrobora com a visão de Sherrington (1906), que sugere que o cérebro seja primariamente reflexivo impulsionado pelas demandas ocasionais do ambiente, ou que as operações do cérebro sejam majoritariamente intrínsecas, o que envolve a aquisição e a manutenção de informações para interpretar, responder e prever as demandas ambientais, ou ainda o modelo autopoiético de Varela (2001), em que o funcionamento do sistema nervoso implica uma dinâmica endógena e auto-organizadora das atividades neurais, embora não seja independente de estímulos externos.

A ideia de formas de processamento de informação menos controladas e inconscientes para a criatividade tem sido reforçada. Quando o controle cognitivo é pequeno, observa-se que o DMN se ativa, estando ele envolvido em formas de processamento de informação complexas, avaliativas, e inconscientes. Em contraste com o circuito de controle cognitivo, um conjunto de regiões cerebrais que incluem córtex cingulado anterior, córtex pré-frontal dorsolateral, junção frontal inferior, córtex insular anterior, córtex pré-motor dorsal e córtex parietal posterior (KÜHN *et al.*, 2014). Durante uma tarefa cognitiva, indivíduos criativos têm menor tendência em suprimir atividade no precuneus.

Flexibilidade cognitiva é a habilidade de romper com padrões cognitivos antigos, superar fixação funcional, e, portanto, se capaz de realizar associações novas e criativas entre conceitos.

Volume aumentado no DMN fornece mais recursos neurais para gerar ideias criativas. Estes achados suportam a ideia de que processos menos controlados são importantes para a criatividade.

Existe uma relação bidirecional, isto é, diferenças individuais no volume da substância cinzenta no DMN podem existir e, em adição, pensamento criativo frequente pode conduzir ao aumento do volume da substância cinzenta do DMN. O treinamento criativo pode aumentar o desempenho criativo, demonstrando que processos menos deliberados e menos controlados são essenciais na criatividade, os achados podem encorajar no enfoque de formas de processamento de informação inconscientes e implícitas para melhorar o pensamento criativo.

3.3.2 A Meditação Transcendental

O monitoramento dos padrões das variáveis fisiológicas pode caracterizar dinamicamente as mudanças de experiências internas durante a prática meditativa. Tem sido verificado que a prática da Meditação Transcendental acarreta benefícios para a saúde física e mental, portanto, a verificação dos padrões psicofisiológicos durante a meditação deve proporcionar esclarecimento da razão para que os benefícios aconteçam. O funcionamento do sistema nervoso se encontra subjacente e permite a ocorrência de uma experiência específica, portanto, padrões fisiológicos podem mapear mudanças nos estados internos de consciência.

A técnica da Meditação Transcendental pode ser descrita como um processo dinâmico caracterizado pela atenção se movendo de um nível superficial e ativo de pensamento e percepção para níveis mais silenciosos e abstratos de pensamento; pela transcendência do nível mais sutil do pensamento para um estado de autopercepção plena, desprovido dos conteúdos usuais de pensamentos e percepções, chamado de Consciência Transcendental (MAHARISHI, 1969; TRAVIS; PEARSON, 2000); e a atenção indo de volta para níveis mais ativos, impulsionada por mecanismos de liberação de estresse, ou seja, a acomodação fisiológica ao nível silencioso de alerta do estado de consciência transcendental (TRAVIS; WALLACE, 1999). Estas três fases (imersão, transcendência, emersão), que podem ser distinguidas fisiologicamente, ciclam muitas vezes em cada sessão de Meditação Transcendental. Em comparação, no descanso de olhos fechados a atenção se move tipicamente no nível horizontal, permanecendo no mesmo grau de excitação ao ir de um pensamento ao outro, ao invés de sistematicamente transcender para níveis mais sutis do pensamento, ou seja, mover-se verticalmente de um nível mais superficial, com maior grau de excitação, para um nível mais profundo, de menor excitação mental e fisiológica.

Os achados fisiológicos durante a prática sugerem que a Meditação Transcendental conduza a um estado fundamentalmente diferente do descanso de olhos fechados; que a prática da Meditação Transcendental resulte em uma cadeia de eventos no sistema nervoso central e autônomo conduzindo a uma rápida mudança de estado, desde o início da prática, que se mantém durante toda a sessão de meditação; e que a prática da Meditação Transcendental possa ser distinguida de outras condições através de padrões autonômicos e de coerência eletroencefalográfica, ao invés de intensidade eletroencefalográfica (TRAVIS, 2001).

Coerência eletroencefalográfica, conceituada como manutenção da estabilidade de fase, pode ser entendida como uma medida de conectividade cortical. Valores mais baixos de coerência parecem estar associados com lesões da substância branca e fluxo sanguíneo cerebral diminuído, depressão e envelhecimento. Valores mais altos de coerência podem ser interpretados como evidência para acoplamento funcional, troca de informação ou coordenação funcional entre regiões cerebrais. Maior coerência beta se correlaciona com processos inibitórios em tarefas ir/não ir e com movimentos dos dedos com ritmos autoimpostos. Maior coerência alfa 1 (8-10 Hz) pode estar correlacionada com aumento de alerta durante a prática da Meditação Transcendental (ORME-JOHNSON; HAYNES, 1981). Em geral, coerência alfa 1 é sensível a mudanças no estado de alerta, enquanto coerência alfa 2 (10-12 Hz) é sensível ao processamento da tarefa. A qualidade do estado de alerta indicada por coerência alfa 1 elevada vista durante a prática da Meditação Transcendental tem sido denominada "alerta em repouso" (MAHARISHI, 1969), que se trata de silêncio mental com percepção interna plena.

Uma sessão de Meditação Transcendental contém subestados distintos que podem ser caracterizados fenomenológica e fisiologicamente. Propõe-se dois modelos, um neural e outro atencional, para explicar as características do processo meditativo. O modelo neural composto de duas fases visa explicar as diferenças autonômicas e eletroencefalográficas observadas no primeiro minuto de prática da Meditação Transcendental comparado ao descanso de olhos fechados e as razões pelas quais essas diferenças permanecem ao longo da prática. A primeira fase do modelo neural envolve os córtices orbital e frontal inibindo aferências talâmicas específicas e não específicas para o córtex, conduzindo ao aquietamento inicial da mente e do corpo. A segunda fase mantém estes níveis mais silenciosos de funcionamento através de circuito de regulação que envolve estruturas talamocorticais e núcleos da base, que modulam as entradas frontal, central e parietal de volta para o córtex, regulando a excitação cortical subjacente aos processos de atenção (ver TRAVIS; WALLACE, 1999, para descrição completa). Este circuito está fundamentalmente relacionado à modulação de estados de consciência e não ao processamento de conteúdo cognitivo ou perceptivo, e sua característica é a sincronização alfa, ou seja, durante a transcendência há uma maior ativação deste circuito mantendo o estado basal de consciência. Quando não há sincronização, deve ocorrer o processamento de estímulos ambientais.

O segundo modelo busca trazer explicações baseadas na dinâmica dos processos de atenção e de intenção. Atenção pode ser definida como foco visual em um estímulo ambiental para guiar ativamente o comportamento motor, e intenção como foco interno em planos mentais, independente de informações sensoriais, normalmente acompanhada por quietude comportamental (TRAVIS, 2001). Intenção está direcionada para dentro e conduz à sincronização alfa, enquanto atenção está direcionada para fora e produz dessincronização alfa. Assim sendo, a sincronização alfa durante a transcendência deve indicar um estado de intenção, a mente se direciona para um estado de atividade mental e física diminuída. A dessincronização alfa observada fora da transcendência deve indicar o estado de atenção, ou seja, o processamento ativo de estímulos ambientais.

Portanto, a prática parece estar suportada tanto por controle voluntário, existe uma intenção de direcionar-se para dentro, através de mecanismos do córtex pré-frontal, e uma fase de atuação espontânea, mediada por mecanismos subcorticais, e a saída deste estado por causa do acomodamento fisiológico quando a atenção é trazida para fora. Os ciclos se repetem alternado o impulso interiorizante, a transcendência e o impulso exteriorizante.

Pode-se argumentar que métodos de introspecção e de reportar-se a si possam ser tipos de eventos autorreferentes, já que necessitam que a consciência observe seus próprios processos. Colocar a atenção em suas próprias percepções, desejos, pensamentos e atividades mentais, entretanto, não pode ser considerado o estado de autorreferência da consciência pura identificado pela Psicologia Védica. A introspecção ocorre em um estado ativo da consciência onde observador, observação e observado estão separados ao invés de unificados no campo plenamente autorreferente da consciência (ORME-JOHNSON, 1988). Técnicas introspectivas, ou técnicas meditativas cujo procedimento mantém a atividade mental no nível horizontal, como as práticas de concentração e monitoramento aberto, não atingem o estado autorreferente da consciência. Para atingi-lo torna-se necessário o uso de uma técnica que parta de um nível mais excitado de atividade mental e o conduza para níveis mais aquietados, atividade mental no nível vertical, até alcançar o nível aquietado, que é o estado autorreferente da consciência, podendo assim ter acesso à fonte de onde surgem os pensamentos, que é o foco das técnicas de autotranscendência automática.

Experimentar este estado autorreferente da consciência traz diversos benéficos em todas as áreas da vida do indivíduo, como tem sido verificado pelas diversas pesquisas científicas sobre o assunto. Os benefícios ocorrem por causa dos efeitos que se observa com a prática, em particular a diminuição dos hormônios do estresse e o aumento da coerência eletroencefalográfica. Além dos benefícios, no entanto, torna-se interessante notar os efeitos da Meditação Transcendental nos diferentes níveis de subjetividade, indicando que sua prática permite ao indivíduo o acesso aos níveis mais sutis da criação.

Existe uma ampla amostragem de pesquisas científicas expondo os efeitos e os benefícios da Meditação Transcendental em todos os níveis de subjetividade. Essas pesquisas buscam fornecer a base objetiva da experimentação subjetiva através da técnica da meditação. Apresenta-se a seguir uma lista de evidências que foram encontradas através de pesquisas relacionadas por Dillbeck (1986, p. 267).

Das evidências experimentais identificando características únicas de consciência transcendental durante a prática da Meditação Transcendental, tem-se: ritmo respiratório diminuído, ventilação mínima; aumento da resistência da pele; redução dos índices bioquímicos de estresse; aumento da atividade alfa nas regiões frontal e central e aumento de coerência alfa.

Das evidências experimentais de que a prática da Meditação Transcendental enriquece os níveis de subjetividade, verifica-se que: no nível de subjetividade relacionado aos sentidos, existem evidências de: maior eficiência e flexibilidade da percepção visual; tempo de reação mais curto; maior eficiência neuromuscular. Em relação aos benefícios relacionados ao nível do desejo: maior sensibilidade às próprias necessidades e sentimentos; aumento de satisfação interna; diminuição da necessidade de estímulos externos; orientação para valores mais positivos. Ao nível da mente: criatividade aumentada; maior eficiência de aprendizagem de conceitos; memória, flexibilidade cognitiva e aprendizado aumentados. Ao nível do intelecto: inteligência aumentada; tempo de reação de escolha reduzido. Ao nível do ego: maior autoestima; redução de ansiedade e traços de personalidade negativos; melhora geral da saúde.

A Meditação Transcendental pode ser considerada uma prática tanto de modificação da estrutura fisiológica individual quanto de investigação do funcionamento da consciência. A consciência individual pode ser acessada por uma tecnologia que usa processos autorreferentes da atenção. O acesso a ela permite o resgate dos elementos do conhecimento aí presentes. A consciência individual possui inerentemente os três aspectos do conhecimento: o observador, o processo de observação e o observado. Ou seja, o indivíduo passa a focar a atenção no estado de percepção pura sem pensamentos e acessa o estado de consciência individual pura. Este estado é um campo informacional que possui como propriedades inteligência e poder organizador. Pode ser considerada a origem não manifestada do aspecto manifesto da criação. Portanto, em sentido inverso, a partir da consciência individual os processos mentais e cognitivos são criados e se expressam através do funcionamento cerebral.

Embora a meditação modifique o cérebro, ela não treina a mente, mas a conduz a um estado de satisfação, permitindo que sua própria natureza se expresse que é a necessidade de expandir-se. No nível de consciência relativa, cada experiência ensombrece o estado do sujeito, e o objeto se torna predominante. Cada experiência limita o sujeito. A vida em liberdade é aquela em que o objeto é experimentado, mas não ensombrece o sujeito. O sujeito também deve se expressar plenamente. A meditação aguça a mente e permite alcançar os níveis silenciosos da consciência trazendo-os à superfície. O nível da mente subconsciente é ativado e ele se torna mais poderoso mesmo no nível mais superficial. O sujeito, portanto, passa a ter acesso ao nível de onde os pensamentos surgem.

3.4 A ORIGEM DO *INSIGHT*

Pelos modelos já apresentados sobre *insight* e pela proposta da possibilidade de existência de um estado fundamental da consciência, sugere-se que o surgimento do *insight* ocorra neste campo de transcendência que se iguala à fonte dos pensamentos. No indivíduo este estado possui correlatos fisiológicos e psicológicos conforme apontados anteriormente, que são primariamente suspensão da atividade respiratória, coerência de ondas alfa 1, ativação do *default mode network* (DMN), estado de excitação mínima da mente e do corpo, onde a experiência subjetiva corresponde a autopercepção plena e ausência de pensamentos. A Consciência Transcendental também corresponde ao nível básico de criação dos níveis de subjetividade e da existência material. Portanto, o que precisa ser investigado neste ponto são as correlações propostas de como ocorrem o processo criativo e o surgimento do *insight* com os modelos neurofisiológicos para o fenômeno, ou seja, a primazia da ativação do DMN e das ondas alfa em relação ao *insight*. Já que se propõe que o *insight* deva aparecer quando se amplifica o quarto estado, ou seja, quando a atenção está voltada internamente e cuja origem se dê de forma espontânea, buscam-se evidências que correlacionam o *insight* como janelamento cognitivo e neural do quarto estado.

Além da correlação dos padrões de funcionamento cerebral encontrados na origem do *insight* e durante a prática da Meditação Transcendental, alguns aspectos cognitivos também podem ser identificados, como a orientação da atenção, o foco da atenção e o controle cognitivo, bem como os aspectos comportamentais, tais como a observação de que pessoas criativas não estejam atadas à rotina, mas possuam a expectativa de que coisas novas aconteçam, e a crença de possuir recursos internos suficientes para lidar com os desafios de a vida estar associada com desempenho criativo aumentado.

A resolução criativa de problemas parece ser suportada por padrões específicos do funcionamento cerebral, sendo que a frequência alfa (8-12 Hz) é frequentemente vista durante a resolução criativa de problemas (TRAVIS; LAGROSEN, 2014), e aparece de forma mais pronunciada nas regiões corticais pré-frontal e parietal durante a geração de ideias originais (DIETRICH; KANSO, 2010; LUSTENBERGER, 2015), regiões estas que sobrepõem o *default mode network*.

Atividade alfa frontal aumentada parece indicar uma transformação interna do espaço do problema corrente em uma solução criativa. Imediatamente antes de se solucionar um problema por *insight* ocorre o disparo de ondas alfa na região frontal seguida por ondas gama no momento em que os detalhes da solução se manifestam. Atividade alfa tem sido associada com inatividade cortical e tem sido correlacionada com taxa metabólica cerebral posterior diminuída nas áreas visuais durante descanso com olhos fechados. No entanto, a frequência alfa 1 (8-10 Hz) deve representar algo diferente da inatividade. Atividade alfa 1 aumentada surge em tarefas que requerem foco de atenção interno. Este alerta interno representado pela atividade alfa corresponde à base para se organizar outras experiências (TRAVIS *et al.*, 2010). Pode ser interpretado como um pano de fundo a partir de onde o observador percebe as experiências que acontecem com ele. Padrão eletroencefalográfico de ondas alfa durante tarefas que demandam criatividade, portanto, não deve estar relacionado a inatividade ou descanso, pois está associado com aumento de fluxo sanguíneo. Sincronização alfa deve estar associada com processamento cognitivo seletivo e ativo, sendo que durante concepção criativa observa-se sincronização alfa no córtex pré-frontal e temporo-parietal, refletindo processamento cognitivo ativo e atenção interna focada (SCHWAB *et al.*, 2014).

Para resolução por *insight*, a presença de ondas alfa 2 (10-12 Hz) no córtex occipital pode refletir um mecanismo inibitório de entrada de informações visuais, enquanto a presença de ondas beta na banda inferior (12-18 Hz) no córtex occipital deve refletir um mecanismo excitatório relacionado com atenção visual seletiva, que se correlaciona com aumento central (descendente) e diminuição periférica da atividade cortical conectada ao chaveamento talâmico. Um aumento de atividade central (beta) pode estar acompanhado de inibição de atividade nas regiões periféricas associadas com a sincronização alfa. Outra interpretação seria o aumento da atividade nos córtices associativos frontal, temporal e parietal do hemisfério direito, com a presença de ondas alfa 1 (8-10 Hz) e de ondas de alta frequência correlacionadas aos processos cognitivos de ativação de representações conceituais (KOUNIOS *et al.*, 2008). Aumento de alfa parece ser inversamente proporcional ao aumento de gama (LUSTENBERGER, 2015), portanto, temporalmente, o surgimento da ideia original caracterizada pela presença de ondas alfa deve ocorrer antes da representação conceitual caracterizada por ondas gama.

Intensidade alfa está diretamente relacionada a diversas demandas relativas à criatividade. Intensidade alfa varia em função de tarefas relacionadas à criatividade (quanto mais criativa a tarefa, maior é o nível de alfa), em função da originalidade (mais originalidade é acompanhada por aumento de alfa), e como função do nível de criatividade individual (mais alfa em indivíduos mais criativos) (SCHWAB *et al.*, 2014).

A análise do decurso de tempo da ideação criativa pela perspectiva da neurociência traz uma importante contribuição para o entendimento da ocorrência de ondas alfa e sua relação com os estágios do processo criativo. Ao se investigar mudanças de intensidade alfa relacionadas à tarefa durante a geração de ideias criativas, pode-se descrever alguns dos principais processos cognitivos implicados no processo de geração de ideias criativas ao nível do cérebro. Como se sugere, o curso de tempo observado de atividade alfa pode refletir a progressão de diferentes estágios no processo de geração da ideia: o processo de geração da ideia mostra uma sincronização alfa bilateral inicial seguida de uma diminuição relativa na intensidade alfa e uma lateralização hemisférica aumentada impulsionada por um novo aumento de intensidade alfa nos córtices frontal e parietal direitos (SCHWAB *et al.*, 2014). Propõe-se que os padrões distintos de atividade alfa relacionados à tarefa como função do tempo reflitam a sequência dos estágios conhecidos do processo de geração de ideias criativas: isto é, a recuperação de ideias comuns e antigas seguida pela geração propriamente dita de ideias novas e mais criativas pela superação de respostas típicas através dos processos de simulação mental e imaginação.

O aumento de intensidade alfa na fase inicial da geração da ideia está possivelmente relacionado ao acesso controlado e à recuperação da memória (não associado com lateralização hemisférica). O padrão inicial de sincronização alfa bilateral deve corresponder à fase inicial típica da geração de ideias, ou seja, à recuperação da memória de uma ideia dominante. Após a fase inicial, a diminuição da intensidade alfa, menos pronunciada no hemisfério direito, pode estar relacionada ao impasse para se solucionar o problema com a resposta dominante recuperada da memória. Na etapa final o novo aumento de intensidade alfa no hemisfério direito particularmente nos córtices frontal e posterior parece corresponder ao surgimento da ideia que efetivamente traz a solução por *insight*. A sincronização alfa no córtex posterior direito parece ser específica do pensamento criativo e pode ser interpretada como sendo um sinal de atenção direcionada internamente para facilitar os processos imaginativos durante o pensamento criativo.

O estágio intermediário deve representar uma etapa do processo criativo durante o qual a recuperação de dados da memória está retrocedendo. O último estágio do pensamento criativo requer busca específica na memória, mediado por dessincronizarão alfa no hemisfério esquerdo, e um padrão difuso de sincronização alfa no hemisfério direito (SCHWAB et al., 2014).

Por que oscilações alfa são mediadoras do processo de criatividade?

Atividade alfa, principalmente nas áreas frontais do cérebro, deve refletir processamento interno de grande demanda e processos centrais descendentes (*top-down*) de controle inibitório (inibição de processos irrelevantes para a tarefa), que é um requisito importante para a geração de ideias criativas. Sincronização alfa indicativa do estado de elevado processamento interno caracterizado pela ausência de processamento ascendente (*bottom-up*) pode ser classificada como uma forma pura de processamento descendente (*top-down*). Este processamento descendente deve ter uma função de controle da atenção levando à inibição de estímulos irrelevantes para a tarefa (LUSTENBERGER, 2015). O pensamento criativo requer a geração de ideias internas com um mecanismo de controle cognitivo inibitório que previne a interrupção do processo interno pela entrada de estímulos evidentes, porém, irrelevantes. Resolução mais rápida do conflito, relacionada às funções executivas da região frontal, indica o papel da região frontal no processo criativo.

Criatividade pode se beneficiar da ativação conjunta de controle executivo e do *default mode network*. Habilidades cognitivas de ordem superior, como inteligência fluida, serviriam hipoteticamente para sustentar o processo criativo ao prover o controle executivo necessário para conduzir a recuperação da memória e inibir ideias não originais. Elas podem ser interpretadas como úteis para a função de recuperação controlada da memória e atenção interna no pensamento divergente. Através de análise de conectividade funcional encontrou-se acoplamento aumentado do controle executivo e DMN ao longo de processo criativo (BEATY *et al.*, 2014), consistente com a noção de que criatividade requer controle cognitivo flexível. O pensamento divergente pode ser visto como sendo a relação funcional de conectividade entre o córtex pré-frontal inferior e o DMN, e deve refletir o controle *top-down* de processos *bottom-up*. Uma importante função do córtex pré-frontal inferior consiste na recuperação controlada de memória e processos executivos centrais, e o *default mode network* está associado com atenção internamente direcionada e cognição espontânea nos processos criativos (pensamento divergente). Ativação do DMN pode ser vista, portanto, como sendo correspondente a uma série de processos espontâneos de baixo nível de grande relevância para o pensamento criativo. Mecanismos de controle cognitivo no córtex parietal inferior podem ser responsáveis por direcionar e monitorar atividades espontâneas vindas da atividade do *default mode*.

Pensamento divergente está tanto associado com processos cognitivos controlados quanto com a ativação de regiões cerebrais associadas com processos espontâneos, particularmente regiões do *Default Mode Network* (DMN). O DMN inclui o córtex pré-frontal medial, o córtex cingulado posterior, o precuneus e lobo parietal inferior bilateral. Este circuito diminui em ativação quando uma tarefa externa é apresentada, e aumenta em ativação na ausência de tarefa externa, estando relacionado à atenção voltada para dentro durante pensamento divergente. Em pessoas criativas, associadas ao pensamento divergente, observa-se maior conectividade funcional entre córtex pré-frontal inferior e regiões do DMN, que indica o uso tanto de processos cognitivos controlados quanto de espontâneos (BEATY *et al.*, 2014).

A ativação do DMN é maior durante os períodos de baixa carga cognitiva, e é menor durante comportamentos direcionados à tarefa, que requerem controle executivo. A ativação do

DMN também é maior durante atividade mental autorreferente, em atividades que envolvem autoprojeção e quando se considera o ponto de vista dos outros (TRAVIS *et al.*, 2010). DMN é mais ativo no descanso de olhos fechados, diminui sua atividade com olhos abertos, diminui mais com olhos abertos focados. Aumenta a atividade quando a mente vagueia. Ativação do DMN e das regiões do circuito executivo, córtex pré-frontal inferior e cingulado anterior, foi maior ainda nos períodos em que o indivíduo não estava ciente de que sua mente estava vagando. O DMN parece estar envolvido na geração de pensamentos espontâneos que sejam independentes de estímulo, bem como a organização funcional de processos de informação.

Ativação decrescente do DMN com o aumento da carga cognitiva sugere que os níveis de ativação do DMN podem sinalizar o processamento mental em termos de orientação referente ao objeto ou autorreferente. A ativação do DMN seria menor durante as experiências referentes ao objeto incluindo atenção focada em tarefas em que o objeto da experiência é primário e a autopercepção é secundária. A ativação do DMN seria maior durante experiências autorreferentes e tarefas autoprojetivas onde a autopercepção é primária e o objeto da experiência é secundário. Considerando-se que a origem do *insight* seja uma atividade autorreferente, o DMN encontra-se mais ativado quando o *insight* surge.

Atividade em diferentes faixas do EEG corresponde aos níveis de ativação do DMN. Intensidade teta frontal-central aumentada durante tarefas de memória de trabalho e flutuações de intensidade teta durante descanso de olhos fechados se relaciona negativamente com a atividade do DMN (TRAVIS *et al.*, 2010. Atividade teta, encontrada em práticas meditativas de monitoramento, corresponde à atenção direcionada aos processos que acontecem internamente, e quanto maior o foco no processo com consequente aumento da carga cognitiva menor é a ativação do DMN. Intensidade alfa posterior aumentada durante a tarefa também se relaciona negativamente com a atividade do DMN. Neste caso alfa estaria relacionada com inibição ativa de áreas cerebrais que poderiam interferir com a tarefa, portanto, o esforço cognitivo justifica a menor ativação do DMN. Sincronização de fases entre diferentes regiões do cérebro, principalmente nas frequências teta e gama, incentiva memória de trabalho e memória de longo prazo ao facilitar a comunicação neural e dar suporte à neuroplasticidade. A estimulação alfa bilateral deve influenciar a sincronização de fase na região frontal (LUSTENBERGER, 2015). É provável que oscilações alfa sejam geradas e moduladas por circuitos talamocorticais e intracorticais. E deve ser, portanto, sensível à estimulação cerebral. Infere-se que estimulação cerebral na frequência alfa seja causal para o pensamento criativo.

Diferenças neuroanatômicas e funcionais do estado do cérebro em repouso podem determinar as estratégias cognitivas escolhidas pelo indivíduo em uma situação de resolução de problemas. A atividade do estado de repouso pode ser decomposta em diversos circuitos, alguns dos quais incluem áreas cerebrais recrutadas durante o desempenho de tarefas que envolvem funções cognitivas superiores. Ou seja, o processo espontâneo de pensamento pode envolver as mesmas áreas que os pensamentos durante a execução de uma tarefa. Pensamentos espontâneos durante o repouso recrutam áreas adicionais que também se encontram ativas durante o desempenho de uma tarefa que não fazem parte do *default mode network* e não são desativadas durante a tarefa. Os circuitos correspondentes ao *default mode network* se desativam durante a execução de uma tarefa. O processamento cognitivo não está completamente determinado pelas demandas da tarefa, as diferenças individuais da atividade cerebral de descanso também influenciam nas computações neurais (KOUNIOS *et al.*, 2008). Portanto a prática regular da Meditação Transcendental, diretamente relacionada à ativação do *default mode network* e de sincronização de ondas alfa 1 no cérebro, permite ao indivíduo uma experiência constante de acesso ao quarto estado, de onde os pensamentos surgem, e modifica o cérebro de maneira a promover uma estrutura de facilitação do pensamento criativo.

Maior ativação nas áreas que sobrepõem o DMN durante a prática da Meditação Transcendental sugere que a prática meditativa pode conduzir a um estado fundamental, de base, de funcionamento cerebral que deve ser subjacente ao descanso de olhos fechados e a outros processos cognitivos mais focados (TRAVIS *et al.*, 2010). Práticas meditativas requerem graus variados de controle cognitivo, portanto, os padrões de ativação do EEG e do DMN podem facilitar a interpretação da natureza das técnicas meditativas. Conforme já visto, as práticas de concentração ativam com padrão de ativação do EEG na frequência gama. Técnicas de monitoramento aberto ativam córtex pré-frontal, cingulado anterior, regiões límbicas e tálamo, com padrão de frequência teta e beta, e a Meditação Transcendental ativa o córtex pré-frontal, parietal, DMN e diminui a ativação do tálamo, com padrão eletroencefalográfico de coerência de ondas alfa 1.

Ativação do *default mode network* e padrão alfa estão diretamente relacionados à origem do processo criativo. A diminuição da atividade talâmica corresponde à diminuição da aferência sensorial e à diminuição do processamento ascendente, permitindo o controle descendente, necessário para o pensamento criativo, atuar. Sincronização alfa durante a Meditação Transcendental pode ainda influenciar a sincronização de fases e facilitar os processos cognitivos.

Níveis mais elevados de integração cerebral, medidos por coerência frontal e intensidade alfa relativa, parecem ser um componente de uma solução de problemas bem-sucedida. O funcionamento cerebral distribuído parece ser uma característica da resolução criativa de problemas, ou seja, diferentes partes do cérebro precisam estar funcionando de maneira ordenada para produzirem o resultado desejado, e esta ordenação encontra-se relacionada com a coerência eletroencefalográfica.

Durante a prática da Mediação Transcendental, o cérebro entra em sintonia com o processo criativo advindo do campo de consciência pura. O cérebro se torna então um refletor da consciência, através dele a consciência se manifesta, fazendo o indivíduo um cocriador de sua realidade física e mental.

Tudo isto parece indicar que o *insight* surge no momento da transcendência.

Modelo da Origem do *Insight*:
Tabela 4: Correspondência entre origem do *insight* e Consciência Transcendental

	Origem do *Insight*	Consciência Transcendental
Áreas cerebrais ativadas	Córtex pré-frontal, parietal, DMN	Córtex pré-frontal, parietal, DMN
Frequência cerebral	Sincronização alfa	Sincronização alfa
Controle descendente	Ativado	Ativado
Controle ascendente	Diminuído	Diminuído
Controle cognitivo	Flexível	Flexível
Orientação da atenção	Interna	Interna
Foco da atenção	Difusa	Difusa

4. O potencial criador do cérebro

O cérebro humano foi projetado para unificar a diversidade dos domínios fisiológico e ambiental. Ele possui a capacidade de processar a atenção de forma unificada permitindo o desenvolvimento do potencial criativo total do indivíduo. O cérebro possui dois modos básicos de funcionamento, um em que os circuitos da atenção são referentes ao objeto e outro em que os circuitos da atenção são autorreferentes. Atenção é o fluxo de consciência, ela flui para fora em direção à experiência dos objetos e ela flui para dentro, este fluxo interno conduz a um estado de consciência totalmente autorreferente denominado consciência transcendental.

Diferentes estilos de atividade cerebral suportam os diferentes estados de consciência: sono, sonho, vigília e consciência transcendental. No processo de pensamento, o cérebro está ativo em cada estágio do desenvolvimento do pensamento, desde os subconscientes até a sua emergência no nível de poder ser verbalizado. No processo de transcendência, níveis mais refinados de pensamento são experimentados de forma consciente, tornando a percepção, pelo cérebro, das etapas do pensamento mais avivada.

As ondas cerebrais fornecem um viés de estudo do funcionamento do cérebro e da consciência. O eletroencefalograma é uma ferramenta não invasiva e poderosa para a investigação das inter-relações mente-cérebro. A gravação das ondas cerebrais em praticantes de meditação transcendental provê os indicadores da consciência autorreferente que corresponde à coerência cerebral global e ao funcionamento unificado do cérebro. Ou seja, a dinâmica do cérebro está diretamente relacionada à dinâmica das ondas cerebrais e à dinâmica da evolução do indivíduo conforme ele começa a apresentar maior coerência eletroencefalográfica, inicialmente de ondas alfa 1 no córtex pré-frontal, seguida de maior coerência beta e gama, e coerência entre as partes do cérebro.

A consciência transcendental, ou quarto nível de consciência, pode ser identificada pela existência de coerência de ondas alfa lentas (8-10 Hz) durante a prática da meditação transcendental, ou mesmo na atividade. Consciência Cósmica consiste na estabilização do quarto nível de consciência e se caracteriza pela evidência de coerência de ondas alfa lentas durante o estado de vigília e durante o sono.

O uso do potencial total do cérebro com a unificação dos processos referente ao objeto (RO) e autorreferente (AR) é uma capacidade do ser humano, que pode ser acelerada com técnicas de meditação que conduzem à autotranscendência automática. Evolução significa transformar o cérebro para que o ser humano vá de encontro à conexão com o Ser, com o campo de Consciência Pura, fonte da memória e do conhecimento puro. Caracteriza-se como o estado onde existe coerência global. Neste estado algumas das faculdades humanas que estão otimizadas são: pensamento criativo, estabilidade emocional, inteligência, aprendizado de conceitos, autodesenvolvimento, autopercepção, contentamento interno e maior fluxo de ideias (facilitação de *insights*).

Pelo viés da consciência primária, considera-se que ela seja o elemento fundamental da natureza que dá expressão aos valores subjetivos e objetivos, entendendo-se, assim, o *insight* como se originando dela, mas cujo processamento ocorre através do cérebro para se manifestar no mundo externo. Portanto, o cérebro possui a capacidade de refletir a consciência, permitindo os níveis de experiência consciente, e de expressar os aspectos da consciência.

A investigação do cérebro a partir desta perspectiva visa mostrar que o estado da fisiologia cerebral deve ser fundamental para permitir a experiência do indivíduo em cada nível de consciência e que o treinamento do estado cerebral através da experiência da transcendência permite a evolução do indivíduo conforme o cérebro se torna capaz em sustentar ambos os estados ao mesmo tempo, o do silencia e o da atividade.

A análise do processo do *insight*, como forma de integração dos três aspectos básicos do conhecimento, observador, observação e observado, busca trazer uma visão mais ampla e adequada do fenômeno, em sua relevância de ser uma instância do poder criativo e criador humano, e investigar o funcionamento cerebral total como meio de conduzir o processo evolucionário.

4.1 O CÉREBRO COMO REFLETOR DA CONSCIÊNCIA

O potencial total do cérebro pode ser verificado através da unificação dos processos referentes ao objeto e dos autorreferentes através da dinâmica do *insight*. O palco de união ocorre a partir da perspectiva da dinâmica cerebral e de sua relação com a dinâmica das ondas cerebrais. Diferentes partes do cérebro executam funções diferentes, mas quando estão integradas e funcionando juntas criam uma totalidade. Propõe-se verificar o funcionamento cerebral pela integração das perspectivas tanto da atenção voltada para fora, em que os estímulos do ambiente se tornam predominantes, quanto da atenção voltada para dentro, quando se sobressai o viés autorreferente.

O cérebro pode ser visto como um mecanismo, por mais complexo que seja, que permite ao indivíduo ter a experiência da autopercepção e da percepção do objeto de forma integrada. Por isso o cérebro é necessário para expressar a totalidade, mas não é suficiente, pois a consciência pura existe independente da existência do cérebro. Autopercepção em seu sentido mais refinado não se trata apenas da percepção da experiência subjetiva, dos próprios pensamentos, sentimentos e sensações, mas, para além disso, se trata de estar alerta a si próprio, ao experimentador, àquela parte do sujeito que é referente à sua própria consciência, ao Ser. A autopercepção por assim dizer pode ser descrita como o observador estando alerta ao próprio observador, pois é a consciência pura ilimitada que está alerta à consciência pura ilimitada, pela sua faculdade de autorreferência, de existência e inteligência ilimitadas.

Por este ponto de vista, entende-se o cérebro como um refletor da consciência. A qualidade de seu funcionamento deve determinar os níveis de experiência consciente que o indivíduo pode ter. Entende-se melhor esta perspectiva através da analogia do rádio. Para que este funcione devidamente, é preciso que seu mecanismo esteja operando de forma apropriada, mas não é o rádio que gera as informações, ele retransmite as ondas captadas em função da estação que esteja sintonizada no momento. Assim pode-se considerar que as ondas do rádio (a informação) sejam a Consciência Pura, o rádio em si (o mecanismo) seja o cérebro, ou a fisiologia, e a estação, a experiência consciente. Ou ainda outra analogia que pode ser utilizada é a do Sol refletindo sua luz no lago. O Sol é a Consciência Pura, o lago, o refletor, é o cérebro, e o reflexo é a experiência individual (NADER, 2013).

Esta visão se expressa no verso do Bhagavad Gita (MAHARISHI, 1969), onde se explica a existência do cérebro como um refletor da Consciência Pura. O funcionamento do sistema nervoso qualifica a pureza da reflexão do Ser imutável. Consciência Pura ou Transcendental permeia todos os outros níveis de realidade e estados de consciência.

> Saiba que Aquilo é na verdade indestrutível,
> e pelo qual tudo isto é permeado.
> Ninguém pode causar a destruição
> deste Ser imutável.
>
> Bhagavad Gita: capítulo 2, verso 17

O funcionamento não material do cérebro material é a sede da Consciência (TRAVIS, 2012). A capacidade da visão, do olfato, do paladar não pertence diretamente ao cérebro físico. A capacidade humana em ver, cheirar, degustar não ocorre porque o cérebro existe, mas porque o cérebro humano funciona de uma forma específica. Pela perspectiva do conhecimento védico, o cérebro projeta uma corrente de consciência, como o feixe de uma lanterna, através dos sentidos para o ambiente. Estando a atenção voltada para fora, o fluxo de consciência se projeta através dos sentidos e se identifica com o objeto, e assim a experiência ocorre. A experiência do objeto obscurece o experimentador enquanto o cérebro não é capaz de integrar o fluxo externo e o interno de consciência. O indivíduo se torna aquilo que ele vê. Esta é uma forma de se entender a neuroplasticidade, que é a modificação do cérebro ao longo de toda a vida do indivíduo. A energia do ambiente entra e cria ondas de ativação através dos neurônios, e isto resulta na experiência, mas também neste processo, os neurônios que atuam no processamento daquela experiência se modificam.

Toda experiência modifica o cérebro. As espinhas dendríticas são projeções dos dendritos onde o axônio de outro neurônio se conecta. Sendo elas muito dinâmicas, estão constantemente desaparecendo e crescendo, modificando as conexões neurais diariamente. Ao receber um estímulo do ambiente as terminações nervosas se conectam com outros neurônios através de atividade eletroquímica. As trocas de informação entre os milhares de neurônios permitem a experiência subjetiva. Estas trocas ocorrem através do espaço entre cada neurônio, a sinapse. A qualidade das sinapses entre os milhões de neurônios determina os potenciais de ação através do cérebro. Neurotransmissores liberados do axônio se movem através da sinapse para se encontrarem com receptores na espinha dendrítica. A qualidade da sinapse determina o fluxo de informação do axônio para o dendrito, portanto, determinando a qualidade das experiências.

O espaço entre as terminações reflete a explicação do conhecimento védico sobre o processo criativo ocorrer através das características de silêncio e dinamismo do campo de consciência pura. O campo de consciência pura gera vibrações que se transformam em outras vibrações para constituir todo o universo manifesto. A fenda sináptica é o espaço que permite a manifestação da próxima vibração que será transmitida para a terminação pós-sináptica, pela vibração que veio da terminação pré-sináptica, que opera sobre o silêncio da fenda (as possibilidades) e o dinamismo (a atividade dos neurotransmissores).

Uma parte maior do cérebro é utilizada quando o indivíduo faz algo pela primeira vez, mas os circuitos utilizados são aperfeiçoados quando a experiência é repetida. Os neurônios que foram recrutados para realizar a experiência pela primeira vez se tornam mais ativos e podem fazer mais conexões. Os processos microscópicos que ocorrem nos neurônios se somam de forma a gerar uma experiência. Quando se repete a experiência o cérebro aloca mais recursos para processar a informação aumentando o número de conexões responsáveis pelo processamento. Os módulos cerebrais que controlam a atividade treinada se tornam mais ativos que os demais.

O cérebro pode ser treinado através de práticas específicas de forma a se modificar para melhorar a cognição e o desempenho em domínios além daqueles envolvidos no treinamento. Treinamento cerebral inclui treinamento de circuitos através de práticas repetitivas que exercitam circuitos cerebrais específicos; e treinamento de estado que muda o estado cerebral de uma forma que influencia vários circuitos (TANG; POSNER, 2014).

Treinamento com meditação pode ser considerado um treinamento de estado, já que pode estabelecer um estado que melhora a cognição, a atenção e o humor, ou seja, desenvolve um estado cerebral que influencia a operação de vários circuitos. Estado cerebral se refere a padrões de atividade cerebral que envolve a ativação ou a conectividade de diversos circuitos cerebrais em larga escala. Treinamento de estado envolve circuitos, mas não está designado a treinar circuitos usando uma tarefa cognitiva. Exemplo de desempenho em estados diferentes pode ser percebido pela cognição diferenciada nos estados de vigília e de sono.

Treinamento de circuito envolve a prática de uma tarefa específica e desenvolve, portanto, seu circuito cerebral específico. Se a função do circuito é geral, como atenção ou memória de trabalho, ele pode influenciar muitas tarefas que usam parte do circuito ou todo ele.

O sistema nervoso central e o sistema nervoso autônomo (SNA) trabalham juntos para manterem os estados cerebrais. Medidas fisiológicas do SNA incluem frequência cardíaca, resposta de condutância da pele e ritmo respiratório. Práticas meditativas estão frequentemente acompanhadas de mudanças destas medidas, e a atividade do SNA pode ser usada como marcador biológico para monitorar os estados meditativos. Na prática meditativa verifica-se menor frequência cardíaca, menor resposta de condutância da pele e ritmo respiratório diminuído e aumento de arritmia sinusal respiratória condizentes com desativação do sistema nervoso simpático e ativação do sistema nervoso parassimpático. Causam mudanças na região frontal medial e nas conexões com o estriado e sistema nervoso parassimpático associado com autorregulação.

O treinamento de circuito ativa predominantemente as regiões laterais frontal e parietal (TANG; POSNER, 2014), que são áreas relacionadas ao foco de atenção referente ao objeto. A ativação destas áreas relaciona-se com maior esforço durante a tarefa e a ativação do sistema nervoso simpático. A prática meditativa ativa a região frontal medial, que se encontra relacionada com menor esforço e com a ativação do sistema nervoso parassimpático, características associadas com o fluxo de atenção autorreferente.

A autorreferência pode ser entendida como um mecanismo que explica a criação do corpo pela consciência pura, ou seja, as vibrações do campo de consciência pura vão dando origem aos níveis de subjetividade e objetividade. O outro mecanismo seria a experiência. Assim como o cérebro é capaz de projetar a atenção para fora e receber estímulos do ambiente, ele é capaz de projetar a atenção para dentro e se modificar através da experiência da transcendência.

Observar o observador passa a ser importante na medida em que aprofunda o entendimento de onde surgem os atos volitivos. Parece que a iniciação cerebral de um ato totalmente voluntário espontâneo começa inconscientemente, isto é, antes de qualquer percepção subjetiva de que uma decisão para agir já tenha começado no cérebro. Foi-se verificado através de experimentos utilizando uma medida denominada potencial de prontidão que havia atividade cerebral antes de o indivíduo ter a experiência subjetiva de desejar voluntariamente executar um ato motor. Potencial de prontidão (*readiness potential*) se refere à atividade cerebral mensurável que precede um ato motor totalmente voluntário, tendo sido diretamente comparada com o tempo relatado para o aparecimento da experiência subjetiva da intenção do ato. O começo da atividade cerebral precedeu claramente o tempo relatado da intenção consciente para agir por várias centenas de milissegundos (LIBET *et al.*, 1983). Processos neurais que precedem um ato voluntário, conforme refletido no potencial de prontidão, começam significativamente antes do aparecimento relatado da intenção consciente de executar aquele ato específico.

O evento subjetivo só pode ser acessado introspectivamente pelo próprio sujeito, necessitando de um relato. Como o início do potencial de prontidão ocorre várias centenas de milissegundos antes do aparecimento do tempo necessário para se relatar a percepção de qualquer intenção subjetiva ou desejo de agir, parece que alguma atividade neural associada com o desempenho do ato tenha começado antes que qualquer iniciação consciente ou intervenção fosse possível. Ou seja, o cérebro eventualmente decide iniciar, ou se preparar para iniciar, a ação em um momento anterior ao de haver qualquer percepção subjetiva de que tal decisão tenha ocorrido. A iniciação cerebral mesmo de um ato voluntário espontâneo pode começar e usualmente começa inconscientemente (LIBET *et al.*, 1983). Inconsciente significa os processos que não podem ser expressos como experiência consciente, que pode incluir pré-consciente e subconsciente. Sugere-se que um período de tempo substancial de atividade cerebral parece ser necessário para ativar a adequação neuronal para uma experiência de intenção consciente executar um ato voluntário.

Parece haver um limite para o indivíduo exercer iniciação consciente e controle sobre seus atos voluntários, mesmo que, como a intenção consciente aparece antes do ato em si, seja possível que conscientemente o indivíduo possa inibir o ato voluntário de iniciação inconsciente. Mas se houve uma iniciação inconsciente para um ato voluntário, especula-se de quem veio a ordem que o cérebro executou. Entendendo-se o cérebro como refletor da consciência, o aspecto do observador seria aquele de onde surgem os impulsos para execução das ações. O observador é aquele que se experimenta através do quarto estado de consciência.

Conforme foi proposto, a experiência sistemática da transcendência pode ocorrer através da prática da Meditação Transcendental e ser caracterizada por marcos fisiológicos que expressam objetivamente características subjetivas. Apesar de ter sido exposto que a experiência modifica o cérebro, de acordo com o experimento do Dr. Travis (NADER, 2013), no entanto, verifica-se que não há diferença na análise eletroencefalográfica para praticantes novatos (quatro meses de prática) da MT e praticantes de longo prazo (oito anos) durante a sessão de Meditação Transcendental. Isto pode ser interpretado entendendo-se que a Meditação Transcendental utiliza a tendência natural da mente, qual seja a de se expandir, buscar por mais felicidade e bem-estar. Como usa a tendência natural da mente e é uma técnica onde não se engaja esforço cognitivo, neste caso, mais prática não torna a prática melhor. A prática é necessária para treinar o cérebro a unificar a experiência da transcendência com a atividade.

A diferença que se verifica entre meditantes novatos e experientes aparece na análise eletroencefalográfica medida no momento que os indivíduos estavam com os olhos abertos, ou seja, durante a atividade. Enquanto no EEG do meditante novato se verifica o padrão típico da atividade, ondas nas frequências beta e gama, no meditante experiente se verifica a coexistência da frequência alfa, característica da transcendência, com as frequências beta e gama, características do pensamento e planejamento. Isto é, percebe-se no meditante com longo tempo de prática que a neuroplasticidade ocorrida pela experiência da transcendência constante aliada às atividades diárias pode ter conduzido a integração de dois estilos de funcionamento do cérebro que anteriormente eram mutuamente excludentes. Ou seja, ou se transcendia, a atenção se voltava para dentro e a percepção decorrente era a de alerta em repouso, ou a atenção se direcionava para fora através dos sentidos para processar o ambiente. No meditante experiente estes dois estados se encontram integrados, podendo os benefícios da prática da meditação ser observados mesmo durante a atividade. Pode-se chamar de desenvolvimento da consciência a coexistência destes dois estados mutuamente excludentes. Portanto, desenvolvimento de consciência se refere à unificação dos processos referentes ao objeto e dos processos autorreferentes e à realização do potencial total do cérebro.

Desenvolvimento da consciência deve ser entendido simplesmente como uma habituação fisiológica, algo atingível por qualquer ser humano (NADER, 2013). A realidade do que está fora vem da interação do campo unificado com ele mesmo e é a realidade do que está dentro. O observador está integrado àquilo que ele observa. Ao treinar o cérebro em ir para a transcendência, funcionamento autorreferente do cérebro, e voltar para a vigília, funcionamento localizado do cérebro, a neuroplasticidade coloca os dois funcionando juntos. O cérebro apenas precisa ser avivado para perceber o que já existe.

Um experimento interessante seria o de replicar o estudo com o potencial de prontidão em meditantes experientes e verificar se o tempo entre a iniciação cerebral inconsciente e a percepção subjetiva consciente da intenção de agir é menor do que em não meditantes. A hipótese seria de que a prática da Meditação Transcendental aproxima os níveis conscientes da experiência aos inconscientes e, por isso, o tempo entre iniciação inconsciente e percepção consciente seria menor no meditante.

O cérebro é um órgão maleável, e ele se adapta às novas experiências para planejar melhor o comportamento do indivíduo consigo mesmo e com o ambiente em torno. "Com a experiência da Consciência Pura, o cérebro se adapta para ser capaz de refletir adequadamente a realidade da Totalidade" (NADER, 2013).

Para efetivamente utilizar o potencial total do cérebro seria preciso fazer as atividades, expondo-o aos estímulos do ambiente, e acessar constantemente o estado de transcendência. Treinando o cérebro para atuar nestes dois estados, a plasticidade natural passa a integrar os dois processos, permitindo ao indivíduo o acesso ao quarto estado mesmo durante a atividade.

4.2 O CÉREBRO COMO EXPRESSÃO DOS ASPECTOS DA CONSCIÊNCIA

Desenvolvimento de consciência pode ser considerado como sendo a integração pelo cérebro dos estados referentes ao objeto, em que o indivíduo se encontra na atividade, e autorreferente, em que o indivíduo está conectado ao quarto estado da consciência, a transcendência. As ondas cerebrais permitem a apreciação destes dois modos de funcionamento cerebral e mental, cuja integração permeia e qualifica a percepção consciente. Por essa perspectiva, pode-se fazer uma leitura das regiões cerebrais e de como estão funcionando considerando-se estes dois modos de funcionamento e a forma integrada de funcionamento. Portanto, propõe-se uma descrição do cérebro por estas duas perspectivas, referente ao objeto e autorreferente, e pelo processo de integração entre os dois.

A região frontal do cérebro pode ser considerada mais autorreferente, enquanto a região posterior mais referente ao objeto. O lobo frontal encontra-se dividido numa região mais posterior, o córtex motor e pré-motor, e uma região anterior, o córtex pré-frontal, responsável pelas funções executivas. No ser humano o córtex pré-frontal encontra-se amplamente desenvolvido, ou melhor, tem a potencialidade para ser desenvolvido, provavelmente devido às grandes demandas sociais, comportamentais, morais e autoperceptivas que o indivíduo humano enfrenta. Tem sido atribuída ao córtex pré-frontal a organização das funções de: sentido do eu, valores e crenças, objetivos e motivação, criatividade, decisões, autocontrole e hábitos. Por estas características, o córtex pré-frontal pode ser considerado a região do cérebro que é autorreferente.

Na região posterior do lobo frontal encontra-se a área motora, através dela o indivíduo executa suas ações no mundo. O lobo parietal pode ser considerado responsável pelo processamento espaço-temporal e, nele encontra-se o córtex somatossensorial, que recebe as aferências sensoriais. No córtex occipital, encontram-se as áreas visuais primárias e secundárias, no lobo temporal, as áreas relacionadas à audição e à fala. Estas regiões permitem a relação do indivíduo com o ambiente através da percepção sensorial e atuação no ambiente através das áreas motoras. Portanto, estas regiões podem ser consideradas referentes ao objeto. As regiões dos lobos parietal e temporal que não são sensitivas ou motoras podem ser correlacionadas com o processo de observação, que integra os processos referente ao objeto e autorreferente.

Numa visão mais ampla de todo o encéfalo, o córtex cerebral seria referente ao objeto, pela sua função de executar funções que permitem o indivíduo se relacionar com o ambiente, o tronco encefálico seria autorreferente, pois nele se encontram os centros vitais para manutenção do organismo, e o diencéfalo seria o processo de integração.

Ou seja, as partes do cérebro podem ser correlacionadas com processos referentes ao objeto ou autorreferentes e com o processo de ligação entre eles. Assim sendo, pela perspectiva da superfície cortical. O córtex pré-frontal trata de processos autorreferentes, os córtices, occipital, temporal auditivo, parietal sensorial e frontal motor com os processos referentes ao objeto e o córtex parietal com o processamento RO – AR. Considerando o encéfalo como um todo, o cérebro é RO, o diencéfalo é o processo de ligação e o tronco encefálico é AR (autorreferente). O sentido que isso faz está na relação do córtex, a camada mais superficial do cérebro, ser responsável pelos processamentos conscientes das sensações corporais, das ações motoras, cognitivas e emocionais e de relação com o ambiente, o diencéfalo, em particular o tálamo, ser um controlador das informações que seguem para o córtex. O tálamo possui dois modos de funcionamento, o de rajada, relacionado com as ondas alfa presentes no córtex cerebral, e o relé, relacionado com a presença de ondas rápidas. O tronco encefálico representa a área responsável pelo processamento das funções vitais onde está armazenada a inteligência corporal.

Considerando o neurônio por esta perspectiva, os dendritos, que são responsáveis pela entrada de informações, possuem relação com o aspecto do observador (AR), o corpo celular responsável pelas transformações, com o processo de observação, e o axônio, que transmite o impulso nervoso, a saída do processo, se correlaciona com o aspecto do observado (RO). A sinapse que permite a transmissão dos impulsos nervosos atua de acordo com as duas características básicas do potencial criador da natureza, o dinamismo e o silêncio em cada lacuna, permitindo a transmissão de cada impulso da terminação pré-sináptica para a terminação pós-sináptica. Sistemas neurais que consistem de neurônios excitatórios (glutamato) e inibitórios (GABA) não fazem muito mais do que gerar disparos epileptoides interrompidos por silêncio (BUZSÁKI, 2006). As seis camadas que compõem o córtex cerebral podem ser entendidas nesta visão como as camadas 1 e 4, que recebem grande parte dos sinais de entrada sendo referentes ao observador (AR), as camadas 2 e 3 responsáveis por diversos processamentos ao processo de observação e as camadas 5 e 6, que computam os sinais de saída do córtex referentes ao objeto (RO) (ARENANDER, 2014).

Uma medida que tem sido correlacionada ao grau de ordem no funcionamento cerebral consiste da coerência eletroencefalográfica. Coerência pode ser definida como sendo a estabilidade da diferença de fase entre dois sinais ao longo do tempo. O grau de coerência pode ser um indicativo de como o indivíduo lida consigo mesmo e com o ambiente em torno. Quanto maior o grau de coerência indicando que diversas partes do cérebro estão funcionando em ordem, integradas umas com as outras, melhor deve ser o relacionamento do indivíduo com ele mesmo e com o mundo a sua volta.

Posicionando-se os eletrodos sobre alguns pontos do escalpo, pode-se medir a coerência local e a coerência entre partes distantes do cérebro. Coerência local se refere à correlação entre os neurônios que estão próximos uns dos outros. Conforme eles começam a funcionar de maneira ordenada a amplitude, ou a intensidade, do sinal captado por aquele eletrodo se torna maior. Sendo posicionados dois eletrodos na região frontal e dois na região posterior, podem ser feitas medidas de coerência frontal, entre os dois eletrodos posicionados sobre a região pré-frontal, coerência posterior e coerência global, entre eletrodos da região frontal e posterior. Estas medidas podem se referir ao estado de autorreferência do indivíduo (nível de coerência frontal), ao modo como a pessoa lida com o mundo, ou seja, o estado referente ao objeto (coerência posterior), e a correlação e o grau de integração entre as instâncias autorreferente e referente ao objeto (coerência global, entre eletrodos das regiões anterior e posterior).

Especula-se que os indivíduos não praticantes de meditação transcendental possuem coerência eletroencefalográfica frontal de ondas alfa 1 média em torno de 45%, indicando um menor nível de autorreferência. Os praticantes de meditação transcendental apresentam uma coerência média de 70% quando estão fazendo alguma atividade, e sobe para 90% durante a prática da meditação (ARENANDER, 2014). Sendo a coerência de ondas alfa 1 um indicador de que o cérebro está funcionando em modo de autorreferência e que subjetivamente o indivíduo encontra-se em estado de alerta em repouso, que pode ser considerado o marcador do quarto nível de consciência, a transcendência, uma maior coerência frontal de ondas alfa 1 mesmo durante a atividade deve indicar que o indivíduo possui maior grau de autorreferência, acessando portanto de forma aperfeiçoada seus recursos internos.

A atividade do cérebro é o que permite que a consciência seja experimentada. Todo conhecimento de algo é um reconhecimento. Precisa-se comparar o algo a ser conhecido com o objeto na memória (fonte de pensamento, diferenciada da memória de trabalho) para deixá-lo vir à percepção consciente. Colocando a atenção no processo que se desenrola no nível subconsciente auxilia sua emergência na consciência. A percepção consciente ocorre em deixar vir o conhecimento autorreferente à superfície e unificá-lo com o conhecimento referente ao objeto. O cérebro processa todos os níveis de pensamento independente de o indivíduo possuir a percepção disto ou não. A prática da transcendência propicia que o indivíduo desenvolva a percepção do que ocorre nos níveis subconscientes, ou seja, vai eliminando os níveis pré-consciente, subliminar e desconectado até ter consciência plena de todo o processo de pensamento. O aumento da percepção consciente pode ser indicado pela coerência global entre os lobos pré-frontal (AR) e parieto-occipital (RO) verificado no EEG.

Para se traçar relações entre a dinâmica cerebral e a dinâmica da consciência o uso das ondas cerebrais serve como elo. As frequências expressas pelas ondas através do aparelho de eletroencefalograma mostram a velocidade com que as células estão emitindo os impulsos. As frequências cerebrais foram rotuladas com letras gregas de forma arbitrária e separadas em diferentes faixas (delta, 0.5-4 hertz; teta, 4-8 hertz; alfa, 8-12 hertz; beta, 12-30 hertz; gama, >30 hertz).

O cérebro não usa uma única frequência fixa para controlar todas as suas funções porque o comportamento acontece no tempo, e a marcação precisa do tempo é necessária para uma previsão bem-sucedida das mudanças no ambiente físico e para a coordenação da ação motora e dos detectores sensoriais na antecipação de eventos ambientais. Além disso, com relação às conexões cerebrais e ao modo como os neurônios se comunicam entre si, a maioria das transmissões axônicas no cérebro são relativamente lentas (alguns centímetros por segundo) (BUZSÁKI, 2006). O tempo de chegada dos potenciais de ação, o meio digital de comunicação entre os neurônios, de um número muito elevado de lugares precisa ser coordenado no tempo para exercer um impacto.

Frequências diferentes favorecem tipos diferentes de conexões, e níveis diferentes de computação. Em geral, oscilações lentas podem envolver muitos neurônios em ares cerebrais grandes, enquanto o período mais curto das oscilações rápidas facilita integração local principalmente devido às limitações do atraso na condução do axônio. O período da oscilação limita o quão longe a informação se transfere em cada passo. Oscilações rápidas portanto favorecem decisões locais, enquanto o envolvimento de grupos neuronais distantes em estruturas distintas na obtenção de um consenso global necessita de mais tempo.

As ondas mais rápidas estão relacionadas às atividades de concentração e desempenho de tarefas cognitivas que são considerados processos referentes ao objeto representadas pelas ondas beta e gama. As ondas mais lentas estão ligadas aos processos referentes ao ser, com pouca ligação como o processamento de objetos e são representadas pelas ondas delta e teta. As ondas alfa funcionam como uma ponte entre as rápidas e as lentas, ligando os processos referentes ao objeto com os autorreferentes.

Como o eletroencefalograma é produzido e é capaz de monitorar os níveis de consciência? Os eletrodos são posicionados no escalpo e captam a atividade elétrica da região cortical, onde se localizam os corpos dos neurônios compondo a substância cinzenta encefálica. Na região subcortical, por sua vez, encontram-se os axônios envoltos por bainha de mielina, compondo a substância branca, responsável pelo isolamento elétrico do axônio e pela rapidez com que os impulsos se propagam através da fibra. A velocidade com que as células enviam impulsos para as outras pode estar relacionada com a inteligência. O fluxo de íons em torno da célula gera uma diferença de potencial, fazendo com que o neurônio dispare periodicamente gerando uma frequência. Os eletrodos capturam a atividade das células localizadas abaixo deles. Obtém-se um sinal bruto que indica a somação da atividade de várias células, sendo que através de um filtro o sinal pode ser decomposto em diferentes frequências indicando qual delas está predominando aquela área específica do cérebro no momento da medição. Quando o sinal complexo é separado nas frequências que o compõem, estas indicam como o cérebro está funcionando naquele momento, pois cada frequência cerebral está associada com um tipo específico de processamento cognitivo, conforme visto na tabela 5 a seguir.

Bem como as áreas cerebrais podem ser vistas sob a perspectiva de observador (autorreferente), processo de observação e observado (referente ao objeto), as ondas cerebrais também podem ser consideradas pelo mesmo viés, já que a atividade cerebral encontra-se relacionada à atividade fisiológica que pode estar mais referente ao objeto ou mais autorreferente, e que será refletida pela frequência cerebral correspondente. Torna-se possível correlacionar então a frequência alfa com o estado autorreferente, beta, com o processo de observação, e gama com o estado referente ao objeto (ARENANDER, 2014). Considerando a consciência de vigília, as ondas beta são moduladoras das ondas gama, relacionadas a uma atividade de concentração no objeto. As ondas alfa indicam que a atenção está mais voltada na direção do ser, autorreferente.

Tabela 5: Frequências cerebrais x processos cognitivos

Nome	Frequência	Característica cognitiva
Delta	0,5-4 Hz	Sono profundo. Durante a vigília se o cérebro está fortemente inibido.
Teta 1	4-6 Hz	Sonho.
Teta 2	6-8 Hz	Memória e processos internos gerais.
Alfa 1	8-10 Hz	Alerta interno. Taxa metabólica mais alta (alfa paradoxal).
Alfa 2	10-12 Hz	Módulos cerebrais prontos mas inativos. Taxa metabólica baixa.
Sigma	10-14 Hz	Fase inicial do sono.
Beta	14-25 Hz	Processamento geral.
Gama	25-40 Hz	Processamento focado.

Cada ciclo oscilatório é uma janela de processamento temporal sinalizando o começo e o fim da mensagem codificada ou transferida, ou seja, o cérebro não opera de forma contínua, mas utiliza pacotes temporais de forma descontínua. O tamanho do grupo neuronal ativado está inversamente relacionado à frequência de sincronização (quanto maior o número de neurônios engajados, menor deve ser a frequência para permitir a comunicação entre eles). Ritmos lentos envolvem um número muito grande de células e podem ser "escutados" a uma longa distância, enquanto oscilações rápidas localizadas envolvendo apenas um número pequeno de neurônios podem ser retransmitidas para poucos pares. O som alto de várias oscilações de circuitos pode ser quantificado por transformada de Fourier. Quando o sinal é decomposto em ondas senoidais pode-se construir um espectro de potência das frequências uma representação comprimida da dominância relativa das várias frequências. O cérebro permite a emergência de padrões em larga escala e de longo prazo, e estes padrões coletivos auto-organizados também governam o comportamento dos seus neurônios constituintes, ou seja, o padrão de disparo de células únicas depende tanto dos estímulos externos instantâneos quanto da história do padrão de disparo e do estado do circuito ao qual pertencem.

Avaliando o fluxo de informação a partir do recebimento de um estímulo sensorial, o córtex primário envia a informação para outras áreas do cérebro através de ativação ascendente (*feedforward* ou *bottom-up*), que pode ser considerada uma informação referente ao objeto, cuja atividade corresponde à frequência gama, e que demora em torno de 100 ms para ser processada. Tendo recebido o sinal, o córtex temporal envia informação de *realimentação* que ocorre entre 100 ms e 200 ms após o envio do estímulo. O estímulo se torna consciente após *feedback*, ou processamento descendente (*top-down*) do córtex pré-frontal, usualmente correlacionado à frequência beta, ou alfa se o indivíduo acessa a transcendência, podendo ser considerado um processamento autorreferente, para as áreas parietais e demora 300 ms para ocorrer. Sendo assim, o processamento do estímulo pelo cérebro pode ser considerado em quatro etapas. De 0 a 100 ms, ele pode ser considerado inconsciente, ou desconectado, de 100 ms a 200 ms, subliminar, de 200 ms a 300 ms, pré-consciente, e aos 300 ms se torna consciente, conforme mostrado esquematicamente no diagrama abaixo. Considerando que toda experiência ocorra de dentro, da fonte de onde surgem os pensamentos, e a percepção de um estímulo podendo ser considerada uma experiência, esta demora 300 ms para emergir da consciência transcendental e se tornar uma percepção consciente. O cérebro processa todas estas etapas independentemente da vontade do indivíduo, no entanto, com o treinamento de acesso ao quarto estado supõe-se ser possível aumentar o limiar de consciência (do objeto), fazendo com que o indivíduo se torne consciente com tempo menor do que 300 ms. Esta observação deve estar sujeita à experimentação, embora não tenha sido ainda averiguado na prática.

Ou seja, o córtex pré-frontal pode ser considerado mais autorreferente e a parte posterior do cérebro mais referente ao objeto. O estímulo sensorial chega através de um fluxo ascendente trazendo informação do mundo externo sendo modulado pelo fluxo descendente de informação controlado pelo córtex pré-frontal que fornece direcionamento e significado para eles. O modo como a informação vinda do fluxo ascendente é utilizada depende da conformação proporcionada pelo córtex pré-frontal e é o que permite a forma como a pessoa experimenta a realidade.

Figura 4: Tempo para um estímulo se tornar consciente

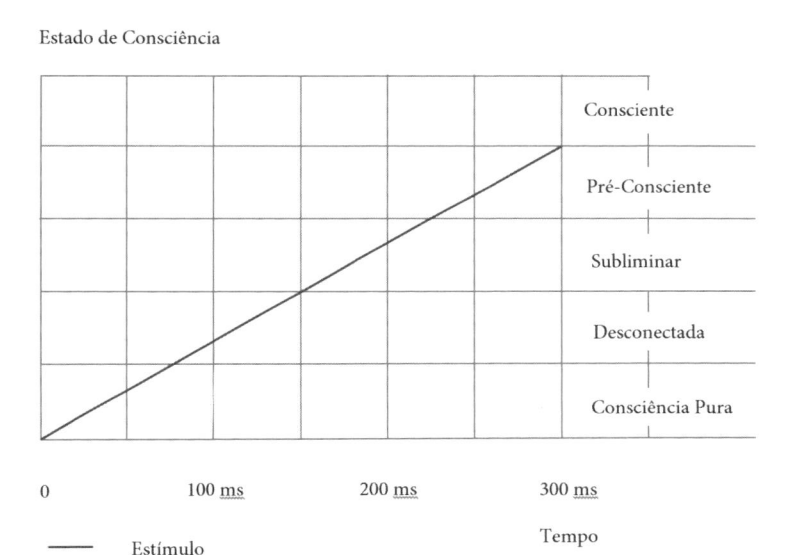

Estado de Consciência

				Consciente
				Pré-Consciente
				Subliminar
				Desconectada
				Consciência Pura

0   100 ms   200 ms   300 ms   Tempo

—— Estímulo

    Se os pensamentos surgem da fonte, que é o estado de conexão com a transcendência, o quarto estado de consciência, seria possível inferir que a consciência pura, de onde tudo é criado, seja a origem de todo o conhecimento. Portanto, todo conhecimento de algo pode ser concebido como sendo um reconhecimento de algo que existe na fonte, e quando a consciência é projetada sobre ele reconhece aquilo que sempre existiu no campo transcendental. Ou seja, a prática da transcendência, que permite o cérebro operar em ambos os modos, referente ao objeto e autorreferente, permite o cérebro continuar a realizar os processamentos que ele sempre esteve fazendo, mas de forma consciente, construindo uma plataforma para o mundo referente ao objeto. O cérebro processa todo aspecto do pensamento, a transcendência traz cada aspecto à percepção consciente. Onde se coloca a atenção, o cérebro se torna mais alerta naquele aspecto, sendo um fator de grande importância para a forma como o cérebro opera e como a experiência consciente ocorre.

O cérebro reverbera o nível de atenção no qual o indivíduo se encontra.

Figura 5: Níveis de referência em relação à atenção e ao controle cognitivo

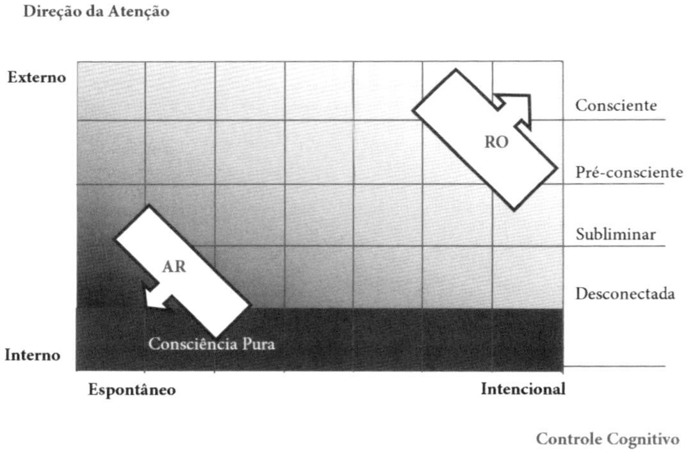

Direção da Atenção

Externo — Consciente — RO — Pré-consciente — Subliminar — AR — Desconectada — Interno — Consciência Pura

Espontâneo — Intencional

Controle Cognitivo

Deve existir alguma diferença entre memória de trabalho e memória pura, que seria a mesma relação entre percepção de algo e percepção pura. Memória de trabalho deve ser considerada aquela memória que o indivíduo utiliza no momento presente, refere-se a um número limitado de informações, em torno de cinco itens que podem ser utilizados e processados em um determinado momento. Memória pura deve ser considerada como sendo aquela memória que não pertence exclusivamente ao indivíduo, mas que pode ser acessada pela conexão com a consciência pura.

Uma definição que pode ser conferida à criatividade seria justamente obter objetos da informação e reorganizá-los de uma forma nova. Quanto maior é o acesso do indivíduo à fonte de onde ele obtém os objetos, maior deve ser sua criatividade. O processo criativo, qualificador dos processos intuitivos, relacionado à propriedade de inovação se torna um processo criador somente quando estiver conectado ao quarto estado, ou seja, enquanto, no nível de consciência absoluta, o processo criador manifesta através do processamento neural subjacente a criação de uma nova realidade. O estudo do *insight*, que necessita de acesso aos elementos do quarto estado, pode auxiliar no entendimento do processo criador, ou seja, entender sua emergência do estado transcendental, pela avaliação das qualidades do observador, considerar seu processamento pelo cérebro capaz de unificar os estados referentes ao objeto e autorreferente, através do processo de observação, e verificar sua manifestação como objeto observado. O observador está relacionado com a criação, o observado, com aquilo que se manifesta e o processo de observação, com a inteligência da transformação.

Os estados corticais regulam muitos aspectos do comportamento, dos estados de consciência à percepção, aprendizado e cognição, sendo o tálamo a estrutura fundamental, o controle dos estados corticais (POULET *et al.*, 2012). O disparo talâmico é necessário para a ativação cortical. A dualidade do funcionamento do cérebro (AR – RO) talvez esteja refletida no funcionamento do tálamo e sua função no controle cortical. Praticamente toda informação que chega ao neocórtex e, portanto, à percepção consciente é retransmitida através do tálamo. Todas as células talâmicas possuem propriedades intrínsecas que permitem que respondam aos estímulos excitatórios em um de dois modos distintos, *burst* e *tonic* (SHERMAN, 2001b). Os dois modos de disparo afetam fortemente a forma como as células talâmicas respondem aos estímulos que chegam nelas e influenciam o tipo de informação que é retransmitida para o córtex.

A princípio havia sido considerado que o modo tônico se relacionava ao estado de vigília e às ondas de frequências mais rápidas beta e gama, e o modo *burst* ao de sonolência e às ondas lentas do sono, mas averiguou-se que o modo *burst* assume uma relação importante durante o estado de vigília (SHERMAN, 200a). Mudanças entre disparo tônico e *burst* acontecem em intervalos irregulares, sendo assim o modo *burst* normal também na vigília.

Os dois modos de disparo transmitem o mesmo nível de informação, mas a qualidade da informação difere entre os dois. Resposta cortical é linear no disparo tônico e não linear no disparo *burst*. O modo tônico minimiza as distorções não lineares na retransmissão dando suporte a uma reconstrução sensorial do mundo de forma mais exata, podendo, por isso, ser relacionado à forma de atuação referente ao objeto (RO). O disparo tônico suporta melhor a linearidade, enquanto o disparo *burst* opera melhor para a detecção do sinal, ou seja, a detecção do sinal contra o ruído de fundo é maior durante o *burst* do que durante o tônico.

O modo *burst* do tálamo maximiza a detecção do estímulo inicial atuando como uma chamada de despertar para o córtex indicando que algo mudou no ambiente e fazendo com que a resposta pós-sináptica de células corticais seja muito maior. Se aparece um objeto diferente no ambiente, estando o tálamo em modo *burst*, ele pode detectar melhor o sinal e fazer uma análise grosseira inicial, depois que a mudança foi detectada, então, o neurônio troca para o modo tônico e o novo objeto pode ser analisado mais detalhadamente.

Para estarem em modo *burst*, como parte do processo de operação, as células talâmicas devem estar silenciosas por algum período e, por conseguinte as células corticais alvo também estão sem receber estímulos por algum tempo. Quando as células talâmicas disparam, sinalizam fortemente as células corticais da camada 4, enviando também estímulos através de ramificações para a camada 6. Os neurônios da camada 6 são os que fazem *feedback* para o tálamo, despolarizando as células que passam então a funcionar no modo tônico (SHERMAN, 2001b). Portanto, o modo *burst* apenas provê o córtex com um forte despertar excitatório, e inicia a resposta no modo tônico, permitindo ao córtex obter uma resposta mais linear da mudança que ocorreu no ambiente.

É possível que os *bursts* maximizem o potencial pós-sináptico, ativando mais efetivamente as células corticais alvo. No entanto durante o sono o modo *burst* indica uma completa falta de informação sendo transmitida da periferia para o córtex. Na ausência de estímulos externos o ruído de fundo é consideravelmente menor durante o *burst*. Esta atividade pode ser considerada ruído de fundo contra o qual a resposta ao estímulo deve ser detectada. A relação entre sinal e ruído é maior durante o *burst*. Pelas suas características, o modo de disparo talâmico *burst* está relacionado à forma de atuação autorreferente (AR). O processo de disparo *burst* domina a resposta das células talâmicas retransmissoras de tal forma que este modo de disparo previne as funções retransmissoras normais do modo tônico.

Quando o tálamo está operando em modo *burst*, parece ser possível que influencie o ritmo de ondas mais lentas. Se der oito disparos, indica a frequência alfa cortical, três disparos, a frequência delta. Quando o tálamo está no modo tônico, o córtex está operando em um modo mais referente ao objeto (frequências beta ou gama), refletindo a habilidade do cérebro em operar em modo dual e unificar as experiências, compatível com o modo de funcionamento da mente em que a atenção se dirige tanto para fora, em um estado de consciência referente ao objeto, quanto para dentro, em estado autorreferente.

Durante o acesso ao estado autorreferente de transcendência mediado pela prática da Meditação Transcendental os estímulos sensoriais e as ações motoras estão minimizados, sendo os estímulos iniciais internos. O modelo neural que descreve os estados cerebrais alcançados durante a prática pode ser entendido como um modelo da atenção que envolve mudanças de atenção interna, e não mudança de atenção externa aos objetos no ambiente. Este modelo deve envolver dois circuitos neurais complementares: um comutador neural para mediar a rápida mudança de processamentos fisiológicos e corticais de um estado de atenção referente ao objeto para um estado de alerta em descanso no início da prática (controle fásico); e outro circuito que poderia ser um mecanismo de regulação homeostática de controle da manutenção do estado de repouso durante a prática de forma automática (controle tônico) (TRAVIS; WALLACE, 1999). O controle dos estados cerebrais deve incluir a comutação e a manutenção. Estes dois componentes estão presentes na transição do repouso para o alerta e devem ser características gerais para o controle de estados induzidos.

Os sistemas neurais envolvidos na mudança de estados devem responder aos seguintes requisitos: mudanças de estado podem ser rápidas e voluntárias; o intervalo entre os estados envolve atividade cortical, subcortical e autonômica; neuromoduladores do tronco encefálico estão envolvidos na mudança de estado (TANG *et al.*, 2012).

Para atender as demandas do controle fásico, o circuito neural teria que se conectar com quase todas as estruturas cerebrais para se conformar com todas as mudanças no funcionamento do sistema nervoso central e do sistema nervoso autônomo; ter efeito inibitório; e estar sob controle consciente, já que o início da meditação é um ato intencional. O córtex pré-frontal consiste na estrutura cerebral que parece atender todos esses requisitos. A prática envolve o pensamento de um mantra, um som sem significado. Portanto, utiliza um veículo para a mente, mas que não engaja o intelecto. Um ato intencional dá início à prática da meditação. Este processo pode envolver o córtex pré-frontal inibindo a atividade nos circuitos talamocorticais, levando às mudanças fisiológicas que podem ser observadas no início da prática.

A manutenção do estado de autopercepção plena em repouso profundo requer mecanismos neurais de retroalimentação para manter um nível mais baixo de excitabilidade cortical, operando sem atenção focada, caracterizada por coerência alfa aumentada, diminuição da condutância da pele e aumento da arritmia sinusal respiratória. O controle tônico parece envolver estruturas subcorticais, que supostamente devem afetar o estado de consciência, enquanto as estruturas corticais se encontram envolvidas no conteúdo da consciência, e estruturas do tronco encefálico.

O córtex pré-frontal, portanto, embora envolvido no início da prática, parece não estar envolvido na manutenção dela. Circuitos que envolvem núcleos da base, tálamo e córtices associativos (frontal, parietal e temporal) devem estar envolvidos na fase de manutenção do estado meditativo (controle tônico) (TRAVIS; WALLACE, 1999). Estas alças avaliam a ativação cortical mantendo um nível adequado de excitabilidade cortical. Este sistema de regulação operado por estruturas subcorticais deve funcionar de maneira automática para manter o estado de alerta em repouso alcançado durante a prática meditativa.

A prática da Meditação Transcendental pode ser considerada um treinamento cerebral que envolve mudança de estados e não apenas treinamento de circuitos, dadas as mudanças verificadas tanto no sistema nervoso central quanto no sistema nervoso autônomo, que conduzem o indivíduo a um estado diferenciado, o de alerta em repouso. Estados cerebrais podem ser identificados pela experiência subjetiva, mudanças na neuromodulação e comportamento. O estado cerebral pode servir para prever o desempenho em tarefas de percepção, memória e resolução de problemas. Portanto, entender como os estados cerebrais se mantêm e mudam para outro parece ser importante para o entendimento do desempenho.

Comparações entre os estados de descanso, alerta e meditação podem ser feitos através das ativações de estruturas cerebrais e de ativação do sistema nervoso autônomo. O estado de repouso demanda grande parte da atividade metabólica do cérebro e pode estar associado ao DMN e às frequências beta e alfa 2. No estado de alerta há aumento da atividade do sistema nervoso autônomo simpático e das áreas frontais e parietais (TANG *et al.*, 2012).

A resposta inicial para a mudança para o estado de alerta envolve controle voluntário comandado por áreas frontais incluindo o córtex cingulado anterior. Manutenção de estados meditativos que envolvem esforço, como no caso das técnicas de monitoramento aberto e concentração, ativa regiões frontais e parietais laterais. O estágio sem esforço proporcionado pela Meditação Transcendental para manter o estado meditativo envolve córtex pré-frontal medial e estriado. O sistema nervoso autônomo parassimpático evita mudança para outro estado.

O córtex cingulado anterior é uma passagem para as respostas autonômicas. O estado de alerta é, portanto, marcado por mudanças do sistema autônomo. Correlatos neurais chaves para mudanças de estados cerebrais entre descanso e alerta são ínsula, córtex cingulado anterior e estriado (TANG *et al.*, 2012). O cingulado está envolvido na manutenção do estado pela redução do conflito com outros estados. A ínsula tem o papel principal na comutação entre estados, e o estriado está relacionado a recompensa e formação de hábitos, necessários para facilitar a manutenção do estado. No estado meditativo as estruturas chaves são córtex pré-frontal, estriado e tálamo.

A habilidade de manter estados cerebrais e de comutar entre eles parece ser essencial para a autorregulação e a adaptação aos ambientes variados. A autorregulação que pode ser entendida como a capacidade de controlar pensamentos, emoções e comportamentos, envolve o equilíbrio ótimo entre a força de um impulso e a habilidade individual de inibir o comportamento desejado.

No ser humano desenvolveram-se sistemas de controle particularmente no córtex pré-frontal que permitem planejamento detalhado e flexibilidade comportamental. O córtex pré-frontal fornece suporte para as habilidades cognitivas de alto nível necessárias para a autorregulação, tais como memória de trabalho, resposta inibitória, filtro de atenção, tomada de decisões, e planejamento. Três sub-regiões são importantes para a autorregulação, o córtex pré-frontal ventromedial, o córtex pré-frontal lateral e o córtex cingulado anterior (KELLEY *et al.*, 2015). O córtex pré-frontal ventromedial possui conexões recíprocas com estruturas subcorticais límbicas, como a amígdala, e com o estriado ventral, associado com processamento de recompensa. Portanto, pode estar implicado na regulação emocional quanto na autorregulação do comportamento social. Lesões no córtex pré-frontal ventromedial resultam em inabilidade de regular comportamentos sociais e emocionais que sejam favoráveis à situação.

O córtex pré-frontal lateral recebe aferências sensoriais visuais e emite projeções para os núcleos da base, para o córtex cingulado anterior e para o córtex pré-frontal ventromedial. Está associado com funções executivas tais como memória de trabalho, resposta seletiva e resposta inibitória. E pode operar de forma importante para as complexas operações cognitivas de uma autorregulação bem-sucedida. Lesões no córtex pré-frontal lateral impedem o planejamento, a coordenação e a manutenção de objetivos complexos, dificulta adaptação às mudanças de situações e filtrar distrações.

O córtex cingulado anterior encontra-se usualmente relacionado ao controle cognitivo e monitoramento de conflito. A parte dorsal está mais relacionada aos aspectos cognitivos e envia projeções para o córtex pré-frontal lateral e áreas motoras, e a região ventral com processos sociais e emocionais (afetiva) emite projeções para o córtex pré-frontal ventromedial, amígdala e ínsula. Lesões no cingulado anterior causam déficit de energia e motivação e insensibilidade.

O córtex pré-frontal lateral com conexões para sistemas corticais de saída parece atuar mais fortemente em aspectos cognitivos da autorregulação, tais como planejamento e execução, manutenção de objetivos e filtro da atenção e de distrações. O córtex pré-frontal ventromedial com suas conexões recíprocas para áreas subcorticais límbicas possui a função de inibir impulsos emocionais ou que causam desejo quando eles poderiam causar comportamentos indesejados.

Para se entender como um sistema de autorregulação pode operar de forma eficaz no cérebro, ao invés de obter sua composição através de áreas cerebrais específicas, seria mais útil entendê-lo por circuitos funcionais cerebrais, cuja definição compreende a de serem conjuntos de regiões cerebrais cujas atividades espontâneas estão correlacionadas no repouso. Podem ser identificados três circuitos que se adéquam a esta definição: o circuito fronto-parietal, o circuito cíngulo-opercular e o circuito *default mode* (DMN) (KELLEY *et al.*, 2015). O circuito fronto-parietal incorpora o córtex pré-frontal dorsolateral, parietal posterior e regiões inferotemporais, ativado em tarefas cognitivas que demandam planejamento, memória de trabalho e filtros de atenção. O circuito cíngulo-opercular é entendido como um sistema central para a implementação de conjuntos de tarefas. Inclui a ínsula anterior e o córtex cingulado anterior dorsal e se estende até o meio do córtex frontal superior. Mostra atividade no início de tarefas orientadas ao objetivo, e mantida tonicamente durante toda a tarefa. Também se ativa transientemente em resposta a *feedback* relacionado à tarefa. Ambos são sistemas de controle (*top-down*), apresentando mais conexões com outros sistemas do que dentro deles mesmos. Os dois circuitos atendem os requisitos para um sistema de autorregulação. Nodos destes circuitos estão localizados no córtex pré-frontal lateral e no córtex cingulado anterior dorsal.

O córtex pré-frontal ventromedial está funcionalmente conectado ao *default mode network*. Como as outras regiões deste circuito, o córtex pré-frontal ventromedial apresenta muitas conexões internas e poucas conexões entre outros circuitos, identificando-o como um circuito de processamento (*bottom-up*), como encontrado nos circuitos de processamento sensoriomotor.

A paisagem cognitiva pode ser construída pela interação da atenção através de mecanismos autorreferentes com atuação descendente (*top-down*) e pela entrada de estímulos sensoriais referentes ao objeto que penetram o sistema através de ativação ascendente (*bottom-up*), através da qual a intensidade do estímulo deve ser considerada. Esquematicamente pode-se traçar o funcionamento da área de trabalho cerebral como sendo composta pelas seguintes entradas: a de estímulos sensoriais, através de mecanismos ascendentes que conferem informação sobre o momento presente, a proveniente da memória de longo prazo conferindo informação do passado, a do sistema de atenção correspondente ao foco que o indivíduo coloca na situação e a do sistema de avaliação que corresponde aos valores que o indivíduo possui, e pela saída através do sistema motor, que pode ser considerado o momento futuro da informação. Para que a informação se torne consciente, seria necessário que o estímulo ascendente fosse intenso o suficiente e recebesse atenção, e precisaria penetrar o ambiente cognitivo e se sustentar nele. Caso não atenda a estas condições, ele provavelmente permanecerá subconsciente.

Várias funções mentais operam inconscientemente. Hipotálamo é responsável pelas funções corporais inconscientes, que corresponde a quase 90% das funções corporais. Quando se cresce em consciência, começa-se a se ter noção destes processamentos inconscientes? Ou seria mais útil utilizar consciência para outros fins e deixar o corpo realizar suas funções? Seria preciso determinar a diferença entre a atividade neural que sustenta uma função mental inconsciente e a atividade neural que se torna suficiente para sustentar uma função mental realizada com percepção subjetiva consciente.

Uma duração mínima de ativações neurais apropriadas parece ser necessária para evocar uma experiência subjetiva que possa ser relatada (consciente) (LIBET *et al.*, 1991). No entanto, ativações neurais com duração menor do que a mínima necessária para se ter percepção consciente podem mediar funções mentais inconscientes que podem envolver respostas cognitivas ou motoras para um estímulo sensorial sem experiência sensorial consciente, ou seja, estímulos muito fugazes para evocar percepção sensorial podem ser detectados sem percepção consciente. Duração mais longa do estímulo parece ser necessária para percepção consciente:

Simples detecção pode permanecer inconsciente, enquanto a maior duração das ativações ascendentes repetidas necessárias para evocar a percepção consciente do sinal reflete uma alteração fisiológica significativa. A duração da ativação cortical pode ser um fator de controle para determinar se uma função mental como a detecção permanece inconsciente ou com percepção consciente.

A duração da ativação cerebral não consta como único determinante da transição entre funções inconscientes e conscientes. Intensidade do estímulo, especificidade de áreas cerebrais, atenção e motivação podem influenciar a transição atuando sobre o fator da duração da ativação cerebral.

No estado transcendental o estímulo está muito amortecido e há muito pouca atenção sobre ele, tornando os mecanismos referentes ao objeto muito pouco ativados ou inativos. O estresse armazenado no corpo consiste na fonte do surgimento de pensamentos durante a transcendência. Em cada estágio do desenvolvimento de um pensamento existe atividade cerebral, sendo a maior parte deles inconsciente. O treinamento cerebral em experimentar o estado de transcendência permite o crescimento da percepção consciente em cada estágio. Observa-se o aumento de coerência em cada estágio. O aumento de coerência de ondas alfa 1 representa um estado autorreferente mais desenvolvido e ordenado. Quando o indivíduo começa a praticar a Meditação Transcendental a faixa de frequência que primeiro apresenta um aumento de coerência é a de ondas alfa. Que consiste no marco de se estar no estado de transcendência. Com o desenvolvimento da consciência, isto é, com a habituação cerebral em operar nos dois modos, autorreferente e referente a objeto, as faixas de frequência beta e gama também apresentam aumento em coerência (ARENANDER, 2014). As frequências beta e gama podem estar relacionadas ao processo de observação e ao processamento do objeto, respectivamente, e demoram mais tempo para aumentar em coerência porque precisam justamente manifestar a mudança física que ocorre no cérebro indiciaria do desenvolvimento de consciência. Ou seja, quando a pessoa possui seus aspectos internos melhor organizados dentro dele, ou os aspectos referentes ao Ser, o Ser, ou o observador pode organizar melhor os objetos do mundo externo. A organização dos objetos no mundo manifesto deve refletir como a pessoa se organiza dentro dela própria.

Aquilo que é imutável, o absoluto, deve ser desenvolvido em primeiro lugar. O indivíduo deve estar apto (sistema nervoso funcionando adequadamente) para estar conectado ao estado de consciência transcendental, de onde surge todo o poder criativo, para que os eventos no mundo relativo possam se apresentar de forma mais positiva e ordenada. A partir do estabelecimento do absoluto, então o relativo pode ser desenvolvido. O aumento na coerência das frequências beta e gama deve estar diretamente relacionado ao refinamento da fisiologia que está sujeito ao tempo do mundo relativo para ser alcançado.

4.3 FUNCIONAMENTO CEREBRAL TOTAL

Uma visão geral do cérebro como refletor da consciência pura realizando seu propósito em unificar a diversidade, os aspectos da atenção referentes ao objeto e os autorreferentes, para permitir a vida em equilíbrio com os impulsos internos e externos para ser desfrutada em toda sua totalidade pode ser entendida resumidamente conforme descrito a seguir. A mente possui dois modos de atuação, um voltado para fora, referente ao objeto (RO) e outro voltado para dentro, autorreferente (AR) de acordo com o direcionamento da atenção, conforme explicado por Maharishi a seguir:

> Atenção é o fluxo da Consciência. Ela flui tanto para dentro para sua natureza imanifesta quanto para fora para níveis maiores de excitação. Atenção é o elo entre sujeito e objeto. Quando ela se direciona para os objetos a Consciência assume a forma do objeto (MAHARISHI, 1969).

Sendo o córtex pré-frontal o organizador das funções referentes ao sujeito, tais como construção do sentido do Eu, valores e crenças, objetivos e motivação, criatividade, tomada de decisões, autocontrole, formação de hábitos, e adequação do comportamento social e moral, ele pode ser considerado a região autorreferente do cérebro. A parte posterior do cérebro que possui relação com as áreas sensoriais e motoras e, portanto, relacionando-se com o mundo externo e com o conteúdo da percepção, pode ser considerada referente ao objeto e os córtices associativos parietotemporais como relacionados ao processo de observação, este está relacionado à inteligência da transformação.

Talvez seja possível considerar a existência de três níveis de neuroplasticidade, um que comporta especificamente o conteúdo, relacionado à modificação das conexões neurais por alguma experiência que tenha ocorrido, como aprender a andar de bicicleta, que estaria relacionada ao treinamento de circuitos. Outro nível seria em termos específicos do processo, como o treinamento da atenção ou da memória de trabalho. O terceiro estaria relacionado a uma integração global que ocorre através da experiência da autorreferência, com treinamento de estados cerebrais.

As ondas cerebrais medem a atividade da fisiologia e cada faixa de frequência indica processos cognitivos específicos acontecendo naquele período de tempo. Particularmente a frequência alfa 1 (8-10 Hz) tem sido atribuída à atividade cerebral relacionada ao quarto estado de consciência, a consciência transcendental, período durante o qual a mente e a fisiologia se encontram no estado mínimo de excitação, cujos marcos fisiológicos correspondem à coerência pré-frontal de onda alfa 1 e diminuição do ritmo respiratório. Portanto, sendo a coerência uma medida de que as partes do cérebro estão funcionando de forma integrada e mais ordenada e, por conseguinte, executando suas funções de forma otimizada, pode-se ter uma visão aproximada do funcionamento global do cérebro posicionando-se quatro eletrodos, dois na região frontal e dois na região parieto-occipital. Embora seja necessária uma quantidade maior de eletrodos para averiguar mais adequadamente o funcionamento das áreas cerebrais, com quatro eletrodos pode-se avaliar a coerência local, distante, global e total. Ou seja, cada eletrodo mede a coerência local através do aumento da amplitude verificada naquele ponto, cada dois eletrodos indicam a coerência distante, os dois frontais refletem o nível de autorreferência (como o indivíduo funciona), os dois posteriores, o nível de referência ao objeto (a relação com o mundo externo), os dois laterais direitos podem indicar como está o funcionamento sintético e os dois esquerdos, o funcionamento analítico. Verificando a coerência entre os dois da frente e os dois de trás, pode-se observar o grau de integração do funcionamento cerebral em seu potencial de unificação dos processos referentes ao objeto e autorreferentes. Observando a atividade dos quatro eletrodos em todas as faixas de frequência, pode-se averiguar o funcionamento total do cérebro e seu desenvolvimento para níveis superiores de consciência. O funcionamento total do cérebro se manifesta pelo funcionamento de todas as partes do cérebro de forma coerente.

As ondas mais lentas modulam as mais rápidas. Enquanto alfa 1 possui relação direta com o Ser individual, talvez fosse possível considerar que delta tenha relação com o Ser universal, embora ainda careçam de dados experimentais que corroborem com esta hipótese. Assim delta seria um indicativo de uma base emocional profunda e um senso de continuidade, teta estaria responsável por sincronizar a memória de trabalho, alfa 1 se relaciona com a autopercepção e a relação do Eu com o mundo, alfa 2 suprime o que é desnecessário em relação ao mundo externo (suprime distrações), beta faz o processamento geral e gama consiste na construção dos objetos em si (ARENANDER, 2014).

Maior coerência cerebral pode trazer mais benefícios para a vida do indivíduo e da sociedade, tais como melhores relacionamentos, diminuição de conflitos, maior fluxo de ideias, maior criatividade, maior bem-estar, entre outros. O crescimento em consciência e a estabilização em um nível mais ordenado podem ser verificados através do EEG pela presença e ondas alfa 1 sendo moduladas pelas ondas delta do sono. Indivíduos que apresentam este gráfico relatam poder testemunhar o sono. Ou seja, o observador está alerta mesmo quando o corpo está dormindo.

O EEG mede a atividade do refletor, o cérebro, que se refere tanto ao processo de atividade da mente, quanto à experiência da transcendência. Outra forma de se olhar para o refletor seria a verificação do fluxo sanguíneo durante a transcendência. Verificou-se que há aumento de fluxo sanguíneo (aumento de atividade) nas regiões frontais, responsáveis pelos sistemas de atenção, sentido de identidade, raciocínio simbólico, ou seja, há aumento de atividade nos centros executivos quando a mente está experimentando a transcendência. Em contraste, as áreas subcorticais estão aquietadas com menor fluxo sanguíneo. Este é o reflexo do alerta em repouso.

A seguinte tabela pode ser apresentada para mostrar graficamente o que foi apresentado acima.

Tabela 6: Formas de referência e estruturas cerebrais

Atenção	Referente ao Objeto	Autorreferente
Estrutura Cerebral		
Córtex pré-frontal	Gama	Alfa
Tálamo	Tônico	Burst
Cérebro	Posterior	Pré-frontal
Circuitos	Frontoparietal	DMN

Deve haver uma anticorrelação espontânea entre os circuitos de atenção externa e interna. O melhor desempenho deve acontecer quando os circuitos de atenção externa estão operando em seus valores máximos, e a maior conexão com o ser deve ocorrer quando os circuitos de autopercepção estão mais ativados. A vida se trata de uma combinação dos modos autorreferente e referente ao objeto que é alcançada através do funcionamento do cérebro.

Conforme a mente parte de um estado mais excitado de atividade quando se encontra em um nível mais grosseiro de pensamento e vai se aquietando para atingir a transcendência, os pensamentos se tornam mais refinados, quando se atinge a transcendência, a mente se encontra em silêncio e se conecta com a fonte de onde surgem os pensamentos. O cérebro processa todos os estágios do pensamento, desde sua origem até sua manifestação no nível mais grosseiro, independente de os estágios serem conscientes ou não. Enquanto o indivíduo não possui a fisiologia cerebral capaz de comportar o funcionamento integrado do cérebro, os níveis mais próximos da fonte são processados de forma inconsciente, pois o indivíduo se encontra desconectado da fonte.

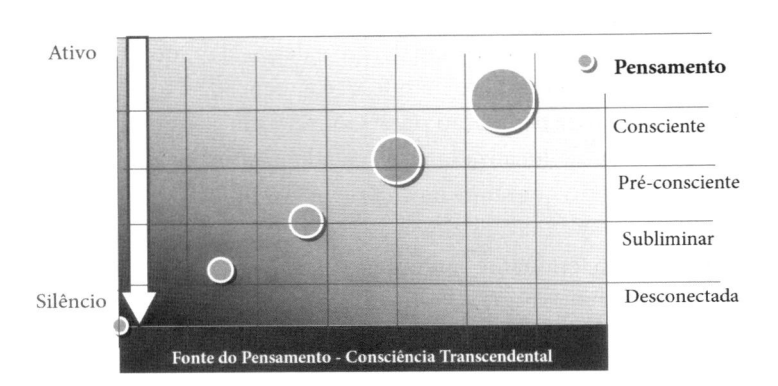

Figura 6: Origem do pensamento na consciência transcendental

[Gráfico: eixo vertical de "Ativo" a "Silêncio"; pontos nos níveis Pensamento, Consciente, Pré-consciente, Subliminar, Desconectada; base rotulada "Fonte do Pensamento - Consciência Transcendental"]

Conforme o cérebro vai adquirindo a habilidade de integrar os processos referentes ao objeto e os autorreferentes através da prática da transcendência, o nível consciente de percepção passa a se sobrepor sobre os outros estágios de processamento, o pré--consciente, o subliminar e o inconsciente (ou desconectado), colocando o indivíduo em acesso direto com a fonte dos pensamentos, de onde surge o *insight*, conforme mostrado na figura 6.

Com a fisiologia treinada para manter dois estados de consciência ao mesmo tempo, o indivíduo desfruta do estado de silêncio de onde emana todo o poder criativo da vida e do mundo material dinâmico de forma mais ordenada e plena, e pode ser considerado um *iluminado*, rumo a níveis ainda superiores de consciência.

4.4 O PROCESSO DO *INSIGHT*

O ato criador é a manifestação do poder das leis da natureza e que pode ser expresso pelo cérebro em sua capacidade de refletir os aspectos da consciência. O *insight* é tanto o ato criador quanto o momento criativo e permite a construção do novo no lugar da constante repetição imposta pelos condicionamentos. A capacidade de criar está na conexão com a fonte.

Ao se voltar a atenção para dentro e deixá-la repousar no ser, o observador que aí reside se manifesta e a atenção se torna atenção pura em estado de percepção pura. Consciência é aquilo que move o cérebro, estando localizada na atividade não material do sistema nervoso. O objeto que surge na consciência é aquele onde a atenção está colocada. A atenção voltada para o objeto propicia uma atividade dinâmica, enquanto a atenção voltada para o ser conduz ao descanso dinâmico, ou seja, o corpo está em descanso, mas a mente está alerta. Deste estado o *insight* se origina e pode ser subsequentemente processado pelo cérebro como qualquer outro pensamento até emergir no nível mais grosseiro da atividade mental.

Utilizando os modelos neurais e cognitivos tanto para o *insight* quanto para o funcionamento unificado do cérebro aqui apresentados, pode-se revisar o processo do *insight* não mais como sendo um problema cognitivo que apresenta uma lacuna entre o estado inicial e a solução a ser alcançada. Neste caso o *insight* seria o fenômeno que preencheria a descontinuidade do pensamento ou dos passos que conduzem à solução. A lacuna agora pode ser entendida como o acesso consciente ao estado de transcendência, de onde se origina o fenômeno e a partir de onde o cérebro executa os processamentos necessários para prover o melhor desempenho possível, integrando o processo autorreferente de conexão com a fonte do pensamento com os processos referentes ao objeto necessários para a manifestação do *insight*. Portanto, propõe-se averiguar o processo do *insight* à luz do funcionamento unificado do cérebro.

As principais características que acompanham o *insight*, que o definem pela perspectiva cognitiva e que podem ser relacionadas com frequências cerebrais específicas, como marcos fisiológicos de cada estágio, podem ser listadas como sendo o impasse mental, a reestruturação do problema, o entendimento mais profundo da questão e o acontecimento de forma súbita e espontânea usualmente acompanhado por uma expressão emocional agradável de surpresa, conforme mostrado no quadro 4. De forma mais usual o acontecimento do *insight* aparece marcado por processos não perceptíveis pela pessoa que o tem (processos inconscientes ou na linguagem que já pode ser usada aqui, desconectado), já que o sujeito relata não ser capaz de dizer como chegou à solução. Quando, enfim, ele tem a experiência consciente de saber a resposta, que aparece no EEG como disparo de frequência gama, o *insight* em si já ocorreu previamente. Para trazer as etapas não conscientes à percepção, treinar o cérebro para experimentar o quarto estado de consciência, a consciência transcendental, seria imperativo.

Assim o impasse mental consiste numa etapa anterior ao surgimento do *insight*, a reestruturação deve ocorrer mais ou menos no mesmo instante em que o *insight* aparece, pois é o momento quando o indivíduo percebe que precisa modificar sua forma de abordar o problema, e o entendimento mais profundo acompanhado da expressão emocional acontecem após o *insight*.

O impasse mental costuma ser entendido como sendo uma fixação mental em uma solução não adequada que impede o indivíduo de progredir em direção à resposta correta. Ideias não dominantes precisam ser acessadas para que novas interpretações possam ser encontradas. O sistema parece ter alcançado um limite já que qualquer nova interpretação ou possível opção da memória de longo prazo encontra-se bloqueada para processamento pela memória de trabalho. Processos de atenção funcionam como vigia manipulando informação na memória de trabalho através de controle *top-down* decidindo qual informação é mais relevante para ocupar o espaço limitado da memória de trabalho. Portanto, o impasse pode ter sido causado por uma sobrecarga de atenção. Ou seja, o indivíduo está tentando resolver o problema através apenas do acesso limitado aos processos referentes ao objeto, que se confirma pelos correlatos neurais associados ao momento do impasse (SANDKÜHLER; BHATTACHARYA, 2008), que consiste no aparecimento de ondas na frequência gama (referente ao objeto) na região parieto-occipital (região cerebral referente ao objeto). Como o lobo parietal posterior modula demandas de atenção seletiva, a presença de ondas gama aí, atividade oscilatória que é modulada primariamente pela atenção seletiva, pode ser sugestiva de sobrecarga de atenção seletiva por foco excessivo. As representações inadequadas do problema e as tentativas malsucedidas de se encontrar uma solução vão sendo armazenadas na memória de trabalho, que possui espaço limitado. O aumento de controle *top-down* pelos processos de atenção para selecionar o que pode entrar na memória de trabalho pode ser responsável pelo impasse por sobrecarga.

Quadro 4: Modelo cognitivo e neural do processo do *insight*

Modelo Cognitivo	Modelo Neurofisiológico	Processo
1. Impasse	1. Ondas gama na região parieto-occipital	Sobrecarga devido aos processos de atenção
2. Anterior à solução por *insight*	2. Ondas alfa 2 (10-12 Hz) na região parietal posterior e lobo temporal	Processos inconscientes
3. Reestruturação	3. Frequência alfa (8-12 Hz) na região pré-frontal direita	Ganho abrupto de conhecimento explícito
4. *Insight*	4. Ondas alfa, ativação do córtex pré-frontal e do DMN, prevalência de controle *top-down*	Processamento autorreferente
5. Ocorrência súbita	5. Frequência gama na região parieto-occipital	Experiência consciente da solução-processo referente ao objeto.

A presença de ondas cerebrais na frequência teta encontrada antes do impasse na região parieto-occipital deve facilitar a decodificação e a recuperação da memória durante a tarefa. Portanto, a presença da frequência teta deve indicar o aumento da busca no espaço da memória por possíveis soluções antes do impasse.

O aumento de frequência alfa (10-12 Hz) na região parietal posterior, occipital e no lobo temporal direito antes da solução por *insight* foi associado com processamento inconsciente relacionado à solução. Vale lembrar que a presença de onda alfa 2 deve representar processos inibitórios associado à integração de informação semântica distante (lobo temporal) e ao córtex visual primário (lobo occipital) (KOUNIOS *et al.*, 2008 e BOWDEN *et al.*, 2005). Aqui se sugere que a presença de ondas alfa no lobo temporal direito deve estar associada com processos inconscientes, vagos, da solução na área temporal direita consistente com achados que a solução para um problema verbal pode ser fracamente ativada no hemisfério direito, que depois se torna mais forte até penetrar a percepção consciente. Este aumento inicial do padrão alfa 2 pode estar relacionado com o acesso controlado e recuperação da memória, pois depois há uma diminuição da frequência alfa durante o impasse e novo aumento de alfa 1 relacionado propriamente ao surgimento da ideia criativa (SCHWAB *et al.*, 2014).

A reestruturação pode ser um mecanismo pelo qual se atravessa o impasse. Ela representa uma transição entre uma representação inicial malsucedida e uma nova na qual se sabe como resolver o problema e deve ocorrer por processos de recuperação interna que buscam na memória de longo prazo conceitos que podem ser utilizados na reinterpretação do problema. A reestruturação parece ser uma recombinação automática e subsconsciente de informações da memória de longo prazo, o que impede que o sujeito possa dizer como chegou à solução. Os correlatos neurais associados ao processo cognitivo de reestruturação refletem a presença de ondas cerebrais na frequência alfa (8-12 Hz) na região pré-frontal direita. Estudos com RMf também mostraram que o córtex pré-frontal direito está envolvido na reestruturação mental que conduz ao ganho abrupto de conhecimento explícito produzindo um *insight* (SANDKÜHLER; BHATTACHARYA, 2008). Os resultados confirmam o papel fundamental do córtex pré-frontal direito na reestruturação consciente com a presença marcante da oscilação alfa 1, indicando processos cerebrais de conexão com o estado de transcendência, de onde efetivamente o *insight* se origina. Além do córtex pré-frontal, outras áreas pertencentes ao DMN também se ativam durante o surgimento da ideia criativa, reforçando o processamento autorreferente no momento do *insight*, e a prevalência de controle *top-down* dos processos *bottom-up* (BEATY et al., 2014).

A sensação de que a solução surgiu de forma espontânea e súbita deve estar relacionada à reestruturação inconsciente, tornando o indivíduo incapaz de relatar como chegou ao resultado, e deve envolver processamento metacognitivo mínimo. Metacognição se refere a um processo de monitoramento ativo de seu próprio conhecimento e pensamento que pode se desencadear durante a solução do problema, como acessar a dificuldade do problema, planejar a estratégia de solução, avaliar o progresso, perceber o impasse, reconhecer e construir novas representações mentais do problema ou reconsiderar seus próprios pensamentos. Pode estar relacionado à presença da frequência beta, sendo que a apresentação de pistas externas pode aumentar o processamento metacognitivo já que o indivíduo percebe que precisa reestruturar o problema para alcançar a solução correta, e como isso diminui a sensação de surgimento súbito. Voltar a atenção para fora, para o objeto, pode auxiliar uma reestruturação consciente, no entanto, interfere na resolução espontânea do problema. Uma recombinação subconsciente automática da informação em contraste com a reestruturação consciente que demanda processos de atenção e controle executivo aumenta a sensação de resolução súbita.

Ou ainda, todo o processo de surgimento do *insight* pode ser experimentado a nível consciente se o sujeito possui uma fisiologia cerebral capaz de suportar o funcionamento integrado do cérebro, já que os níveis inconscientes do processamento dos pensamentos começam a se tornar conscientes conforme o cérebro se habitua em operar em ambos os modos ao mesmo tempo, no modo referente ao objeto e no modo autorreferente, que se estabiliza com o treinamento cerebral de experimentar o estado de transcendência.

Os correlatos neurais da ocorrência súbita aparecem nas áreas parieto-occipitais na frequência gama por volta de 1,5s até 0s antes da solução (SANDKÜHLER; BHATTACHARYA, 2008). A presença da frequência gama logo antes da resposta reflete processos de recuperação quando o sujeito resgata uma solução bem-sucedida. Ativação nas frequências gama e teta têm sido associadas com recuperação da memória declarativa de longo prazo, e gama com processos de equiparação e utilização da memória. Pode ser considerada a possibilidade de que o aparecimento da frequência gama neste momento indique que a resposta já havia sido encontrada no momento da reestruturação com a presença de ondas alfa 1, e que sua origem tenha ocorrido no estado de transcendência, mas foi necessário algum tempo de processamento para que o indivíduo tivesse a experiência consciente da solução e pudesse relatá-la, já que as ondas gama indicam o processamento do objeto em si.

O *insight* tem se mostrado uma forma de entendimento mais profundo e apropriado do problema e da solução. A frequência gama na região parieto-occipital parece ser mais forte para soluções corretas (40-50 Hz). Como foi visto a fixação funcional do impasse também está associada com a frequência gama na região parieto-occipital, o que pode indicar que, embora a atenção exerça papel importante para produzir e identificar a solução correta, o excesso de atenção seletiva pode causar sobrecarga no processamento de informação, diminuindo a eficácia no desempenho. Portanto, foco excessivo deve bloquear a seleção de soluções mais adequadas, e atenção excessiva durante o impasse mental deve prevenir que uma nova solução possa ser utilizada com sucesso. Poder-se-ia especular que o nível de oscilação da frequência gama deveria ficar no nível abaixo do máximo para um melhor desempenho, mas, como neste momento o processo predominante se refere ao objeto, é importante a presença de ondas gama para garantir o bom desempenho.

Parece haver em todo o processo do *insight* uma alternância principalmente entre as ondas de frequência alfa (autorreferente) e gama (referente ao objeto). No estágio anterior ao *insight* em que a atenção está presa em alguma ideia dominante porém que não conduz à solução, encontra-se a presença de ondas gama na região posterior (referente ao objeto), momento em que a atenção está focada e o esforço cognitivo é grande. Se estiver ocorrendo conflito entre dois pensamentos presentes no cérebro (dois objetos relacionados com incidência de ondas gama), o córtex cingulado anterior envia sinalização ativando o córtex pré-frontal, e em seguida há um disparo de ondas alfa 2, que possuem relação com modo inibitório, fazendo com que um deles se sobressaia de forma mais clara. Ou ocorre o disparo de ondas alfa 1 (autorreferente) no córtex pré-frontal (autorreferente) permitindo que o cérebro encontre um novo caminho, que é a definição do *insight*. Após a solução encontrada, ela é processada pelo cérebro de forma a tornar-se consciente e possa ser expressa, indicada pela presença de ondas gama na região posterior, revelando mais uma vez processo referente ao objeto.

No gráfico do pensamento, o *insight* surge no momento de menor excitação da mente, quando ela está aquietada e silenciosa em contato com o estado de transcendência, é processado pelo cérebro nos níveis inconsciente, subliminar e pré-consciente até emergir como objeto consciente e exprimível.

Figura 7: O processo do *insight*

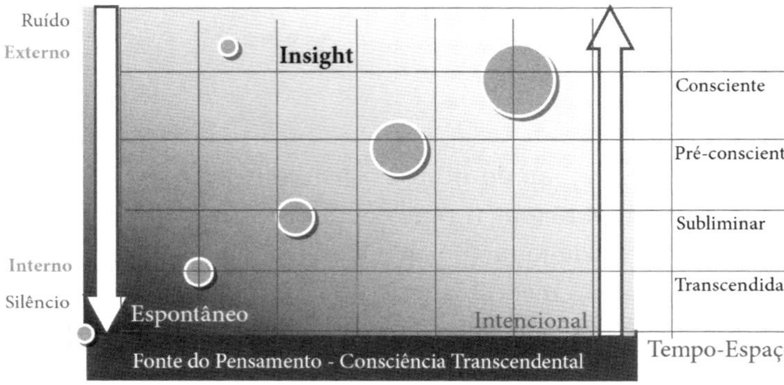

Ruído Externo
Insight
Consciente
Pré-consciente
Subliminar
Interno
Silêncio
Transcendida
Espontâneo
Intencional
Fonte do Pensamento - Consciência Transcendental
Tempo-Espaço

5. Conclusão

Através do estudo do *insight* conclui-se que, para se obter o conhecimento total de qualquer objeto em questão, se torna necessário entendê-lo tanto pelo viés referente ao objeto, ou seja, uma compreensão intelectual que pode ser obtida pelos métodos científicos de terceira pessoa, quanto pelo viés autorreferente, obtido através de método experimental, incluindo-se o sujeito da observação no processo de conhecimento do objeto. O conhecimento especializado precisa estar integrado à totalidade do conhecimento, que abrange inexoravelmente os três aspectos da consciência em seu estado fundamental, o observador, o processo de observação e o observado.

Considerados os três fatores que alicerçam o despontar da visão geral do *insight*, elegeu-se investigar cada um destes pilares que, ao interatuarem entre eles, promovem a compreensão mais profunda do próprio elemento que constitui a natureza e a mente humana, a consciência transcendental. O primeiro pilar que sustenta o viés do observado foi caracterizado como sendo a manifestação do *insight*. Ou seja, a partir do momento em que o fenômeno do *insight* pode ser percebido como um pensamento que pode ser expresso ou a partir do qual se pode atuar, ele pode ser analisado por uma perspectiva referente ao objeto, utilizando-se a investigação neurocientífica para validá-lo.

Nessa análise chegou-se a um modelo cognitivo, destacando-se como etapas principais a representação inicial do problema, o impasse, a reestruturação e a resolução súbita acompanhada por expressão emocional, e um modelo neurofisiológico do fenômeno, indicando a ativação de áreas cerebrais e as frequências predominantes. Destacaram-se também os fatores que inibem o *insight* e aqueles que facilitam sua manifestação. Verificou-se ainda que as técnicas de meditação pertencentes às categorias de concentração e de contemplação, cujos procedimentos mantêm a mente em atividade horizontal enquanto o praticante medita, podem ser analisadas como técnicas cujos processos estão em referência ao objeto sobre o qual a atenção repousa durante a prática. Encontrados os marcos cognitivos e neurofisiológicos da manifestação do *insight*, foi possível concluir que as técnicas de concentração e contemplação podem se relacionar com esta etapa, mas não influenciam a origem do *insight*, para tanto sendo necessário investigar o estado de consciência transcendental.

O segundo pilar sustenta o viés do observador e se constitui pela origem do *insight*. Todos os fenômenos mentais encontram sua fonte no estado fundamental da consciência, a consciência transcendental, que está diretamente relacionado ao estado de mínima excitação mental, cujo paralelo na Física consiste do estado de vazio quântico. Para se dessedentar na nascente do conhecimento puro, necessita-se de um método que conduza o indivíduo à experiência direta dos estados mais sutis da mente e do pensamento até transcender a própria atividade mental e alcançar a fonte dos pensamentos. O método sugerido foi a Meditação Transcendental, cuja origem se encontra no conhecimento védico milenar. Comparada às outras técnicas de meditação cujos procedimentos mantêm a mente em atividade horizontal, a Meditação Transcendental é a única capaz de permitir que a mente atue de forma vertical, partindo de níveis mais grosseiros de atividade para níveis mais sutis e aquietados até atingir um estado de completo silêncio interior permanecendo desperta nela mesma, que consiste no estado de autopercepção plena e ausência de pensamentos. A prática regular da técnica da Meditação Transcendental modifica a fisiologia cerebral e corporal, já que qualquer experiência pela qual o indivíduo passe, considerada a neuroplasticidade, transforma o funcionamento do cérebro, e proporciona a facilitação da recorrência da experiência da transcendência. Facilita, portanto, o acesso ao estado subjetivo, com sua devida correspondência neural, de onde surge o *insight*.

Tendo sido verificado que o estado de consciência transcendental, considerado como quarto estado de consciência além da vigília, do sonho e do sono, possui sua própria assinatura fisiológica, qual seja a coerência de ondas alfa 1 e a suspensão do ritmo respiratório, pôde-se correlacionar este estado ao momento de origem do *insight*, corroborado pela explicação da ciência védica que afirma que os pensamentos surgem de um campo de consciência pura.

A correspondência entre estados mentais subjetivos e estados fisiológicos mostrando que a atividade cerebral se encontra envolvida em todos os estágios do processamento do pensamento constitui o terceiro pilar que sustenta o processo do *insight*. Partindo-se do pressuposto de que a consciência seja o elemento fundamental de constituição da matéria, conforme delineado no capítulo terceiro, o cérebro, constituído por consciência, reflete os aspectos fundamentais dela e, portanto, pode ser analisado funcional e anatomicamente como tal. A análise dos mecanismos neurais sob esta perspectiva conferiu uma visão das partes do cérebro relacionadas aos aspectos mais específicos do observador, do processo de observação e do observado, ativação preponderante de áreas cerebrais conforme o estado mental, bem como sua relação funcional considerada através das frequências cerebrais e respectivas correspondências com os processos cognitivos. De forma esquemática, considerou-se a correspondência entre a região pré-frontal e o aspecto do observador, das áreas relacionadas aos processamentos sensoriais e motor com o aspecto do observado, e a região parieto-temporal com o processo de observação. Quanto à ativação de áreas cerebrais, destacou-se a ativação do córtex pré-frontal e do DMN (*Default Mode Network*) durante a experiência da consciência transcendental e durante a ocorrência do *insight*, concluindo-se que o *insight* deva ocorrer quando o indivíduo se encontra no estado de consciência transcendental. A frequência cerebral característica do estado de transcendência corresponde às ondas alfa 1 (8 – 10 Hz), considerada como a condição de alerta em repouso.

O cérebro executa todos os estágios de processamento de um pensamento, e portanto do *insight*, desde sua origem no campo de transcendência até os níveis mais grosseiros da atividade mental quando ele pode ser percebido e expressado, esteja o indivíduo consciente destas etapas ou não. Possuir níveis de consciência mais elevados ou desenvolvidos significa adquirir a aptidão, através da transformação da fisiologia cerebral pela experimentação recorrente da transcendência, de se tornar consciente daqueles estágios muito sutis da atividade mental e se conectar com a própria fonte dos pensamentos. Um estado de realização, ou iluminação, é possível ao estabilizar a fisiologia para suportar o estado de transcendência durante a vigília, o sonho e o sono.

A ciência védica proporciona as ferramentas tanto para a compreensão intelectual do desenvolvimento da consciência quanto o método prático para fazê-lo. Ambos vêm sendo corroborados pelos achados da ciência moderna e, em particular, pelo enfoque deste trabalho, através das neurociências que têm tornado possível a objetivação dos estados subjetivos. O estudo do *insight* permitiu o entendimento dos processos da atenção humana através da correlação da dinâmica da consciência com a dinâmica cerebral. A dinâmica cerebral reflete o estado de consciência, e o cérebro pode refletir de forma clara e límpida o estado de consciência pura, onde se localiza o poder organizador e criador da natureza e da mente humana.

Assim esta obra se constitui numa análise tanto epistemológica quanto metodológica do *insight* por tê-lo pesquisado em cada um de seus aspectos básicos e integrado suas partes na totalidade do conhecimento, que trata da consciência em si própria.

Estudos subsequentes baseados neste trabalho podem utilizá-lo tanto pela perspectiva de modelo epistemológico quanto pelo viés experimental. Por este último, propostas de pesquisa podem considerar a verificação de que praticantes da Meditação Transcendental devem apresentar maior incidência de *insights* do que os grupos controle; ou ainda a verificação experimental de que praticantes de Meditação Transcendental devem possuir uma maior rapidez de pensamento do que os grupos controle.

Lista de ilustrações

Diagrama 1: Atenção referente ao objeto e autorreferente............. 17
Diagrama 2: Os três pilares para o conhecimento total do *insight* 19

Quadro 1: Modelo cognitivo do *insight*............................. 40
Quadro 2: Fatores que facilitam e fatores que inibem o *insight*......... 41
Quadro 3: Modelo neurofisiológico do *insight*...................... 46
Quadro 4: Modelo cognitivo e neural do processo do *insight*.......... 167

Figura 1: Controle Cognitivo X Orientação da Atenção............... 54
Figura 2: Relação das categorias de meditação com a manifestação
do *insight*... 68
Figura 3: Criação dos níveis de subjetividade do campo de Consciência
Pura.. 90
Figura 4: Tempo para um estímulo se tornar consciente 147
Figura 5: Níveis de referência em relação à atenção e ao controle
cognitivo.. 148
Figura 6: Origem do pensamento na consciência transcendental....... 164
Figura 7: O processo do *insight* 172

Lista de tabelas

Tabela 1: Modelo cognitivo da meditação 52
Tabela 2: Ativação das áreas cerebrais e frequências nas categorias de meditação 57
Tabela 3: Características psicológicas dos níveis de consciência........ 101
Tabela 4: Correspondência entre origem do insight e Consciência Transcendental... 125
Tabela 5: Frequências cerebrais x processos cognitivos 144
Tabela 6: Formas de referência e estruturas cerebrais................. 163

Referências

ABRAHAM, Anna; WINDMANN, Sabine. Creative cognition: the diverse operations and the prospect of applying a cognitive neuroscience perspective. **Methods**, v. 42, p. 38-48, 2007.

AFTANAS, L. I.; GOLOCHEIKINE, S. A. Human anterior and frontal midline theta and lower alpha reflect emotionally positive state and internalized attention: high-resolution EEG investigation of meditation. **Neuroscience Letters**, v. 310, n. 1, p. 57-60, 2001.

ARENANDER, Alarik. **Become an exponent of EEG and Enlightenment**. [Netherlands]: MERU/International Training Centre, 2014. Course Syllabus.

AUSTIN, James H. Zen and the brain: mutually illuminating topics. **Frontiers in Psychology.** v. 4, n. 784, 24 out. 2013.

AZIZ-ZADEH, Lisa; KAPLAN, Jonas T.; IACOBONI, Marco. "Aha!": the neural correlates of verbal *insight* solutions. **Human Brain Mapping,** v. 30, p. 908-916, 2009.

BALLONE, G. Neurofisiologia das emoções. **PsiqWeb Psiquiatria Geral,** 2002. Disponível em: <http://www.psiqweb.med.br/cursos/neurofisio.html>. Acesso em: 14 mar. 2005.

BEATY, Roger *et al*. Creativity and the default network: a functional connectivity analysis of the creative brain at rest. **Neuropsychologia.** v. 64, p. 92-98, 2014.

BEAUREGARD, M.; LÉVESQUE, J.; BOURGOUIN, P. Neural correlates of conscious self-regulation of emotion. **The Journal of Neuroscience.** v. 21, p. 1-6, set. 2001.

BOWDEN, Edward M. *et al*. New approaches to demystifying *insight*. **Trends in cognitive sciences**, v. 9, n. 7, 2005.

BUZSÁKI, György. **Rhythms of the brain**. New York: Oxford University Press, 2006.

CAHN, B. R.; POLICH, J. Meditation states and traits: EEG, ERP, and neuroimaging studies. **Psychological Bulletin,** The American Psychological Association, v. 132, n. 2, p. 180-211, 2006.

DANEK, Amory H. *et al.* Aha! experiences leave a mark: facilitated recall of *insight* solutions. **Psychological Research**. v. 77, p. 659-669, 2013.

_____. Working Wonders? Investigating *insight* with magic tricks. **Cognition,** v. 130, p. 174-185, 2014.

DARSAUD, Annabelle *et al.* Neural precursors of delayed *insight*. **Journal of Cognitive Neuroscience,** v. 23, n. 8, p. 1900-1910, 2011.

DIETRICH, Arne; KANSO, Riam. A review of EEG, ERP, and neuroimaging studies of creativity and *insight*. **Psychological Bulletin,** v. 136, n. 5, p. 822-848, 2010.

DILLBECK, Michael. The self-interacting dynamics of consciousness as the source of the creative process in nature and in human life. **Maharishi Science and Vedic Science**. v. 2, n. 3, p. 245-278, 1988.

DING, Xiaoqian *et al.* Short-term meditation modulates brain activity of *insight* evoked with solution cue. **Social Cognitive and Affective Neuroscience**, p. 1-7, 2014. (Advance published.)

DOMASH, L. The transcendental meditation technique and quantum physics: is pure consciousness a macroscopic quantum state in the brain?. **Scientific Research on the transcendental techinique program**: Collected papers, v. 1, p. 652-670, 1975.

DUNNE, B. J.; JAHN, R. G. Consciousness and anomalous physical phenomena. **Princeton Engineering Anomalies Research**. Technical Note, 1995.

FLECK, Jessica I.; WEISBERG, Robert W. The use of verbal protocols as data: an analysis of *insight* in the candle problem. **Memory & Cognition**, v. 32, n. 6, p. 990-1006, 2004.

HAGELIN J. Is consciousness the unified field? A field theorist's perspective. **Modern Science and Vedic Science**. v. 1, p. 29-87, 1987.

HUSSERL, Edmund. **The Idea of Phenomenology.** Boston: Kluwer Academic Publishers, 1999. (Colected Works, v. VIII.)

JAHN, R. G. *et al.* Correlation of random binary sequences with pre-stated operator intention: a review of a 12-year program. **Journal of Scientific Exploration**, v. 11, n. 3, 1997.

JASEJA, Harinder. Definition of meditation: seeking a consensus. **Medical Hypotheses**, v. 72, p. 473-483, 2009.

JONES, Gary. Testing Two Cognitive Theories of *Insight*. **Journal of Experimental Psychology**: Learning, Memory, and Cognition, v. 29, n. 5, p. 1017-1027, 2003.

KAPLAN, Craig A.; SIMON, Herbert A. In search of *insight*. **Cognitive Psychology.** v. 22, p. 374-419, 1990.

KELLEY, William M.; WAGNER, Dylan D.; HEATHERTON, Todd F. In search of a human self-regulation system. **Annual Review of Neuroscience**, v. 38, p. 389-411. Disponível em: <http://www.annualreviews.org>. Acesso em: 2015.

KOUNIOS, John; BEEMAN, Mark. The *Aha!* Moment: the cognitive neuroscience of *insight*. **Current Directions in Psychological Science.** v. 18, n. 4, p. 210, 2009.

_____. The cognitive neuroscience of *insight*. **The Annual Review of Psychology.** v. 65, p. 71-93, 2014.

KOUNIOS, John; FLECK *et al.* The origins of *insight* in resting-state brain activity. **Neuropsychologia**, v. 46, p. 281-291, 2008.

KÜHN, Simone *et al.* The importance of the default mode network in creativity – a structural MRI study. **The Journal of Creative Behavior.** v. 48, n. 2, p. 152-163, 2014.

LIBET, Benjamin *et al.* Control of the transition from sensory detection to sensory awareness in man by the duration of a thalamic stimulus. **Brain.** v. 114, p. 1731-1757, 1991.

_____. Time of conscious intention to act in relation to onset of cerebral activity (readiness-potential). **Brain**, v. 106, p. 623-642, 1983.

LOVETT, M. C.; ANDERSON, J. R. History of success and current context in problem solving: combined influences on operator selection. **Cognitive Psychology**, v. 31, p. 168-217, 1996.

LUCHINS, A. S. Mechanization in problem solving: the effect of Einstellung. **Psychological Monographs**. v. 54, p. 1-95, 1942.

LUO, Jing; NIKI, Kazuhisa; PHILLIPS, Steven. Neural correlates of the 'Aha! Reaction. **Brain imaging neuroreport**, v. 15, n. 13, 2004.

LUSTENBERGER, Caroline *et al.* Functional role of frontal alpha oscillations in Creativity. **Cortex**. v. 67, p. 74-82, 2015.

LUTZ, A. *et al.* Attention regulation and monitoring in meditation. **Trends in Cognitive Sciences**, v. 12, n. 4, p. 163-169, 2008.

_____. Guiding the study of brain dynamics by using first-person data: synchrony patterns correlate with ongoing conscious states during a simple visual task. **Proceedings of the National Academy of Science**, p. 1586-1591, 2002.

MACGREGOR, James; ORMEROD, Thomas; CHRONICLE, Edward. Information processing and *insight*: a process model of performance on the nine dot and related problems. **Journal of Experimental Psychology**: Learning, Memory, and Cognition, v. 27, n. 1, p. 176-201, 2001.

MAHARISHI, Mahesh Yogi. **Ciência do ser e arte de viver**. São Paulo: Best Seller, 1969.

_____. **Bhagavad Gita**. São Paulo: Best Seller, 1967.

_____. A Estrutura do Conhecimento Puro: palestra. Suíça: MERU, 1978.

MAI, Xiao-Qin et al. "Aha!" effects in a guessing riddle task: an event-related potential study. **Human Brain Mapping**, v. 22, p. 261-270, 2004.

MANNA, Antonietta *et al.* Neural correlates of focused attention and cognitive monitoring in meditation. **Brain Research Bulletin**. v. 82, p. 46-56, 2010.

MOORE, Adam; MALINOWSKI, Peter. Meditation, mindfulness and cognitive flexibility. **Consciousness and Cognition**. v. 18, p. 176-186, 2009.

NADER, Tony, **Consciousness is primary.** [Canadá]: Maharishi University of Management Press, 2013.

NELSON, R. D. *et al.* FieldReg II: consciousness field effects: replications and explorations. **Journal of Scientific Exploration.** v. 12, n. 3, 1998.

ÖLLINGER, Michael; JONES, Gary; KNOBLICH, Günther. Investigating the effect of mental set on *insight* problem solving. **Experimental Psychology.** v. 55, n. 14, p. 269-282, 2008.

ÖLLINGER, Michael *et al.* Cognitive mechanisms of *insight*: the role of heuristics and representational change in solving the eight-coin problem. **Journal of Experimental Psychology**: Learning, Memory, and Cognition, v. 39, n. 3, p. 931-939, 2013.

ORME-JOHNSON, David. The cosmic psyche an introduction to maharishi vedic psychology: the fulfillment of modern psychology. **Modern Science and Vedic Science.** v. 2, n. 2, 1988.

ORME-JOHNSON, D.; DILLBECK, M. C.; WALLACE R. K. Intersubject EEG coherence: is consciousness a field?. **International Journal of Neuroscience,** v. 16, p. 203-209,1982.

ORME-JOHNSON, D. W.; DILLBECK, M. D. Maharishi's program to create world peace: theory and research. **Modem Science and Vedic Science,** v. 1, n. 2, p. 207-259, 1987.

ORME-JOHNSON, D. W.; HAYNES, C. T. EEG phase coherence, pure consciousness, creativity, and TM-Sidhi experiences. **International Journal of Neuroscience,** v. 13, n. 4, p. 211-217, 1981.

ORME-JOHNSON, D. W.; OATES, R. M. A field-theoretic view of consciousness: reply to critics. **Journal of Scientific Exploration.** v. 23, n. 2, p. 139-166, 2009.

ORMEROD, Thomas C.; MACGREGOR, James N.; CHRONICLE, Edward P. Dynamics and constraints in *insight* problem solving. **Journal of Experimental Psychology**: Learning, Memory, and Cognition, v. 28, n. 4, p. 791-799, 2002.

OSTAFIN, Brian D.; KASSMAN, Kyle T. Stepping out of history: mindfulness improves *insight* problem solving. **Consciousness and Cognition,** v. 21, p. 1031-1036, 2012.

POULET, James F. A. *et al.* Thalamic control of cortical states. **Nature Neuroscience,** v. 15, n. 3, 2012.

PRETZ, Jean E. Intuition versus analysis: strategy and experience in complex everyday problem solving. **Memory & Cognition,** v. 36, n. 3, p. 554-566, 2008.

RAICHLE, Marcus E. The brain's default mode network. **Annual Review of Neuroscience.** v. 38, p. 433-447, 2015.

RAMAMURTHI, B. The fourth state of consciousness: the Thuriya Avastha. **Psychiatry and Clinical Neurosciences.** v. 49, p. 107-110, 1995.

SANDKÜHLER, Simone; BHATTACHARYA, Joydeep. Deconstructing *Insight*: EEG Correlates of *Insight*ful Problem Solving. **Plos One.** n. 1, 2008.

SCHOOLER, Jonathan; OHLSSON, Stellan; BROOKS, Kevin. Thoughts beyond words: when language overshadows *insight*. **Journal of Experimental Psychology.** v. 122, n. 2, p. 166-183, 1993.

SCHWAB, Daniela *et al.* The time-course of EEG alpha power changes in creative ideation. **Frontiers in Human Neuroscience.** v. 8, a. 310, 2014.

SEARLE, John. **A redescoberta da mente**. São Paulo: Martins Fontes, 1997.

SHEN, WangBing *et al.* Temporal dynamics of mental impasses underlying *insight*-like problem solving. **Science China Life Sciences,** v. 56, n. 3, p. 284-290, 2013.

SHERMAN, S. Murray. A wake-up call from the thalamus. **Nature Neuroscience.** v. 4, n. 4, 2001b.

_____. Tonic and burst firing: dual modes of thalamocortical relay. **Trends in Neurosciences.** v. 24, n. 2. 2001a.

SHETH, Bhavin R.; SANDKUHLER, Simone; BHATTACHARYA, Joydeep. Posterior Beta and Anterior Gamma Oscillations Predict Cognitive *Insight*. **Journal of Cognitive Neuroscience.** v. 21 n. 7, p. 1269-1279, 2008.

SHETTLEWORTH, Sara J. Do animals have *insight*, and what is *insight* anyway?. **Canadian Journal of Experimental Psychology= Revue canadienne de psychologie expérimentale,** v. 66, n. 4, p. 217-226, 2012.

TANG, Yi-Yuan; POSNER, Michael I. Training brain networks and states. **Trends in Cognitive Sciences.** Elsevier, 2014. In press.

TANG, Yi-Yuan; ROTHBART, Mary K.; POSNER, Michael I. Neural correlates of establishing, maintaining, and switching brain states. **Trends in Cognitive Sciences,** v. 16, n. 6, 2012.

TRAVIS, F. Autonomic and EEG patterns distinguish transcending from other experiences during transcendental meditation practice. **International Journal of Psychophysiology**, n. 42, p. 1-9, 2001.

TRAVIS, F. The junction point model: a field model of wakink, sleeping and dreaming, relating dream witnessing, the waking / Sleeping transition and transcendental meditation in terms of a common psychophysiological state. **Dreaming.** v. 4, n. 2, p. 91-104, 1994.

TRAVIS, Fred. **Your brain is a river not a rock.** Brain Center: Fairfield, 2012.

TRAVIS, F.; PEARSON, C. Pure consciousness: distinct phenomenological and physiological correlates of "consciousness itself". **International Journal of Neuroscience.** v. 100, n. 1-4, p. 77-89, 2000.

TRAVIS, Fred *et al.* A self-referential default brain state: patterns of coherence, power, and eLORETA sources during eyes-closed rest and Transcendental Meditation practice. **Cognitive Process.** v. 11, p. 21–30, 2010.

TRAVIS, F.; ARENANDER, A.; DUBOIS, D. Psychological and physiological characteristics of a proposed object-referral/self-referral continuum of self-awareness. **Consciousness and Cognition**, n. 13, p. 401-420, 2004.

TRAVIS, Frederick; LAGROSEN, Yvonne. Creativity and brain-functioning in product development engineers: a canonical correlation analysis. **Creativity Research Journal**, v. 26, n. 2, p. 239-243, 2014.

TRAVIS, F.; ORME-JOHNSON, D. W. Field model of consciousness: EEG coherence changes as indicators of field effects. **International Journal of Neuroscience.** v. 49, p. 203-211, 1989.

TRAVIS, Fred; SHEAR, Jonathan. Focused attention, open monitoring and automatic self-transcending: categories to organize meditations from Vedic, Buddhist and Chinese traditions. **Consciousness and Cognition**. v. 19, p. 1110-1118, 2010.

TRAVIS, Frederick; WALLACE, R. Keith. Autonomic and EEG patterns during eyes-closed rest and transcendental meditation (TM) practice: the basis for a neural model of TM practice. **Consciousness and Cognition**. v. 8, p. 302-318, 1999.

VARELA, F. *et al.* The brain web: phase synchronization and large-scale integration. **Net Review Neuroscience,** v. 2, n. 4, p. 229-239, 2001.

WAGNER, Ullrich *et al.* Sleep inspires *insight*. **Nature**. v. 427, 2004.

WALLACE, R. K. Physiological effects of transcendental meditation. **Science**, n. 167, p. 1751-1754, 1970.

_____. **The neurophysiology of enlightenment.** Fairfield: Maharishi University of Management Press, 1986.

WANG, Danny *et al.* Cerebral blood flow changes associated with different meditation practices and perceived depth of meditation. **Psychiatry research: neuroimaging,** v. 191, p. 60-67, 2011.

Este livro foi diagramado utilizando a fonte Minion Pro
e impresso pela Gráfica Edelbra, em papel off-set 90 g/m²
e a capa em papel cartão supremo 250 g/m².